Zhebeizi Henduan Buyao Weibieren Erhuo

活着不是给别人看，不做光鲜的别人，只做最牛的自己

包小彬
著

这辈子很短，不要为别人而活

时代出版传媒股份有限公司
北京时代华文书局

图书在版编目（CIP）数据

这辈子很短，不要为别人而活 / 包小彬著 . -- 北京：北京时代华文书局，2016. 4
ISBN 978-7-5699-0884-8

Ⅰ . ①这… Ⅱ . ①包… Ⅲ . ①成功心理－通俗读物
Ⅳ . ① B848.4-49

中国版本图书馆 CIP 数据核字 (2016) 第 080168 号

这辈子很短，不要为别人而活

著　　者 | 包小彬

出 版 人 | 杨红卫
责任编辑 | 张彦翔
装帧设计 | 天下装帧设计
责任印制 | 訾　敬

出版发行 | 时代出版传媒股份有限公司 http://www.press-mart.com
北京时代华文书局 http://www.bjsdsj.com.cn
北京市东城区安定门外大街 136 号皇城国际大厦 A 座 8 楼
邮编：100011　电话：010－64267120　64267397
印　　刷 | 北京柯蓝博泰印务有限公司　010－89580799
（如发现印装质量问题，请与印刷厂联系调换）
开　　本 | 880×1230mm　1/32
印　　张 | 9
字　　数 | 219 千字
版　　次 | 2016 年 6 月第 1 版　　2016 年 6 月第 1 次印刷
书　　号 | ISBN 978-7-5699-0884-8

定　　价 | 36.00 元

前　言
preface

人生短暂，与浩淼无穷的宇宙相比，犹如微尘。人生的长度不要说与日月相提并论，有的时候甚至比不上一棵树的生命长度。在如此短暂的一生中，我们应该怎样度过才不枉此生？而这短暂的人生，究竟如何才能活出自己的意义？我们每个人都是生命画卷的作者，你是坚定的拿着自己作画的权力书写自己的人生，还是将这份权力交付他人之手，画卷的最后面貌，自己都不能决定？

有多少人活着活着，就不知道自己是谁了？有多少人每天匆匆忙忙，却早已忘记自己当初许下的人生愿望？有多少人时刻的照顾着别人的感受，自己的内心却被伤的体无完肤？你妄图讨好整个世界，身心疲惫，却没有换来任何的掌声和理解。风烛残年之时，回首自己这一生，磕磕绊绊，努力奋斗，对得起所有人的期待，却没有一处对得起自己。在别人预设的轨道里前行，却遗忘了属于自己的路，错过了属于自己的风景。

在这个世界上，很多人活着，但并没有明白活着的真正意义。他们活着的目的可能是为工作、为金钱、为父母、为孩子，但唯一没有考虑到的，就是为自己而活。也正是这个原因，很多人总是委屈地活着，他们可以忍受工作的不顺心，可以承受婚姻的不幸福，可以在不愉快的人际关系中强颜欢笑，可以压制自己内心的各种欲望。作家杨绛在百岁感言中说："我们曾经渴望命运的波澜，到最后才发现，人生最曼妙的风景，竟是内心的淡定与从容；我们曾如此期盼外界的认可，到最后才知道，世界是自己的，与他人毫无关系。"有多少人能在时间还来得及的时候发现这些？

青春易逝、容颜易老，这是我们无法逆转的自然规律，人生如此短暂，你要为自己而活！尼采说："每一个不曾起舞的日子，都是对生命的辜负。"你需要做的是保持一颗年轻而勇敢的心，走在为梦想执着的道路上。人这辈子，有人嫉妒你，有人羡慕你；有人讨厌你，有人看不起你。但是没关系，他们都是外人。生活就是这样，你所做的一切不能让每个人都满意，不要为了讨好任何人而失去自己的本性。每个人都应该有自己的原则，别人嘴里的你，不是真实的你。

我们长着一样的眼睛，却有不一样的看法；我们长了相同的嘴巴，却有不同的说法；一样的心脏，却有不一样的想法；一样的人们，却有不一样的活法。一个人再怎么优秀，也得碰上识货的人；再怎么付出，也得遇上感恩的人；再怎么表现真诚，也得赶上有心的人；再怎么谦让，也得遇到懂得珍惜的人。我们都不知道自己有没有下辈子，只知道这辈子很短很重要，不要在乎世态炎凉，只在乎内心的世界，这辈子为自己而活，就已足够。

目 录

contents

第五章　躺着也中枪——谁人背后不说人，谁人背后无人说

第六章　为什么活得这么累——别让面子害了你

第七章　人生需要断舍离——化繁为简做自己

第十章　生命就该浪费在美好的事物上

第十一章　拼的是现在，比的是将来

第十二章　不做光鲜的别人，只做最牛的自己

Chapter 1

人要活着，但不要被活着

Zhebeizi
Henduan
Buyao
Weibieren
Erhuo

1. 水最容易消失在水中，人最容易消失在人群中

随波逐流是大多数人的通病。比如很多知识分子看到做生意赚钱，也跟着下海经商；公司职员看到炒股赚钱，也跟着借钱炒股；农民看到别人种大蒜卖了高价，也跟着一窝蜂种起大蒜。然而，这样真的正确吗？

活在这个世界上，我们都听说过“不合群”这个词，如果谁被大家议论为“不合群”，就等于说这个人存在某种缺陷，轻则为性格木讷古怪，不懂人情世故；重则可能是说这个人智商有问题、心理有疾病。总之“不合群”一词透出一种要开除此人“群籍”的味道。

因此，很多人为不被贴上“不合群”的标签，只好忍痛磨灭个性，削平棱角，隐藏感情，尽力扮演一个容易被众人接纳的“合群者”。正如马克·吐温所说：“跟世界上所有的人一样，我所暴露给众人的只是修剪过、洒过香水、精心美化过的公开意

见，而把我私底下的意见谨慎小心地、聪明地遮盖起来。”当一个人变成被人群接纳的人时，那个真实的自我早已消失不见，剩下的只是一个思想统一、步调一致的人而已。

第二次世界大战期间，希特勒正在检阅部队，站在旁边的一个将军奉承道：“元首，您看下面的人还真够多呀！”

希特勒却不以为然：“不，我没看见一个人，我看到的只是人群而已！”

不可否认，希特勒是一个残忍之徒，但他也是一个不折不扣的聪明之人。他明白，要想让一个人成为听话、没有思想的执行机器，以及跟随指令疯狂地完成毫无人性的任务，就要让这个人真实的自我消失在人群中。一旦这个人失去自我，没有了思想与追求，那么诸多丢掉灵魂的人将会组成一个盲从的人群，他们的一举一动都将在掌控之中。

在生物界，有一种奇怪的虫子，名字叫列队毛毛虫。顾名思义，这种毛毛虫喜欢列成队伍爬行。行走时，最前面的毛毛虫负责掌控方向，后面的毛毛虫只需要跟随队伍前行即可。为研究列队毛毛虫的盲从性，法国生物学家法布尔做了一个有趣的实验：

他把一群毛毛虫放在大花盆上，并诱导领头的毛毛虫围着花盆绕圈，这时其他的毛毛虫也跟随着领头的毛毛虫，首尾相应，围着花盆形成一个圈。

就这样，毛毛虫队伍一圈又一圈地围着花盆旋转，其中的任何一只毛毛虫既是队伍的头又是队伍的尾，它们都跟着自己前面的那只毛毛虫周而复始地爬。几天之后，这些毛毛虫被饿晕了，一只接着一只地从花盆的边沿跌落下来。

在这个实验中，列队毛毛虫们之所以围圈行走却始终找不到出路，就是因为它们失去了自己的判断力，使自己进入一个不断循环的怪圈之中。现实生活中，很多人的行为又何尝不是与这些毛毛虫相似。有不少人为迎合他人，使自己成为所谓的“合群”之人，他们开始磨灭自我个性，轻信所谓的权威人物，从来不敢发出自己内心真实的声音，最终使自己的人生一塌糊涂。相反，当一个群体在盲目前进时，那些敢于后退或步调不一致者，才是真正的智者。

米勒是法国著名现实主义画家。在未成名之前，他为混口饭吃，从偏远农村来到繁华的巴黎，开始画起当时最畅销的裸体画。

一天晚上，米勒在巴黎街头孤独地徘徊，在一个灯光明亮的橱窗前，米勒听到有两个年轻人正在议论一幅少女裸体画：“这幅画太糟糕了，令人厌恶至极！”

这幅被批判的裸体画，正是米勒画的。在这个繁华而浮躁的城市，米勒除了画女人的裸体，其他什么也画不出来，这令他痛苦万分。

回到家里，米勒对妻子说：“我决定从今以后再也不画裸体画，即使这种决定会令我们的生活更穷困。我厌倦了巴黎的城市生活，想让自己回到农村，真正生活在农民中间去。”

很快，米勒从巴黎移居到一个叫巴比松的村落。在这里，米勒用自制木炭画自己喜欢的素描。在最穷困时，米勒需要靠朋友的救济度日，而且他的作品经常会遭到资产阶级文人学士的攻击、诋毁。但他并没有动摇，依然坚持创作表现农民题材的作品，并创作了《播种》、《拾穗者》、《扶锄的人》等代表性作品。

由于巴比松村落风景优美，后来更多的画家聚集到此地，形成著名的巴比松画派。米勒成为巴比松画派的代表人物，并享有“农民画家”之美誉。

这位现实主义艺术大师在总结自己一生时说：“我生来就是一个农民，到死也是一个农民。我要用毕生的精力来描绘我所感受到的东西，而不是画时代流行的东西。”

伟大的艺术家米勒，明白自己不适合画裸像，就安安心心地做一位独具风格的“农民画家”。这种与众不同的选择，成就了世界级的艺术大师。

一个人如果能找到真实的自我，并一直坚持下去，最终往往会获得惊人的成就。然而，在现实生活中，随波逐流是大多数人的通病。比如很多知识分子看到做生意赚钱，也跟着下海经商；公司职员看到炒股赚钱，也跟着借钱炒股；农民看到别人种大蒜卖了高价，也跟着一窝蜂种起大蒜。其实，每个人的能力、兴趣各不相同，如果我们总是一味地跟随别人，反而会丧失判断是非对错的能力，最终在盲从的道路上耗死自己。

个性是一笔宝贵的财富，是生命的价值，更是创造力的源泉。在这个世界上，每一个有能力、有才华的人，都具有自己的独特之处。当有一天，你若发现自己是众人眼中格格不入的“不合群”之人，请不要惊慌，更不要悲哀，这或许证明你的灵魂没有在人群中消失，依然保留着本真的自我。而那些在人群中随波逐流的人，他们却成了丢失灵魂的行尸走肉，早已在人群中把自己迷失得无影无踪了。

2. 很多人活着活着，就不知道自己是谁了

如何不让岁月的刻刀改变我们的模样，如何找到真实的自己？这是我们所有人都要解决的最大问题。人生苦短，难道你甘心让自己的理想还未绽放就枯萎吗？

人生在世，每个人都渴望风风光光，活出真我的风采。然而理想很丰满，现实很骨感，我们总是活着活着就迷茫了，活着活着就不知道自己是谁了。当初那个自信的自己在现实面前退缩了，对整个世界开始妥协，逐渐变得面目全非，连自己都不认识自己了。每天陷于苦闷之中，明明知道自己不应该这样，但每天的现状却又偏偏如此。内心自卑而空虚，面对自己喜欢的事业也不敢去追求，因为必须应对艰难的日常生活。有些人甚至把自己沉浸于网络的虚幻和酒精的麻醉中，以此来刺激自己的神经，生命宝贵的时光就这样一天天被浪费了。

我们是否真正地为自己活过一回呢？每个人都有必要问问自己。人生短暂，眼睛一闭不睁，这辈子就过去了。如果死神站在你面前，你是否可以拍着胸膛说，这辈子我活得值了，没有任何遗憾？相信很多人都会手足无措。是的，我们这辈子活给世界看，活给别人看，唯独忘记了自己，甚至根本不知道我们自己是谁。

曾有一个《我不知道我是谁》的寓言故事。故事的主人翁是一只名叫达利的兔子，达利正处于自我认知的困惑期，它不知

道自己是谁。

达利问自己：“我是一只猴子吗？可是我没有长长的尾巴。我是一头无尾熊吗？可我也没那么难看。也许我是一头豪猪？可豪猪长满了刺！”

达利甚至不知道自己该住在哪里。它走进山洞，里边又冷又黑。它爬上鸟窝，可它刚躺下，却感觉这里太窄，腿脚都伸不直！达利看见松鼠在吃橡子，它决定自己也吃这种果实。

这时，专门吃兔子的黄鼠狼蹿出。黄鼠狼的牙齿像碎玻璃一样锋利，眼睛像跳蚤一样敏捷。达利向黄鼠狼打招呼：“Hello，你是獾么？你是大象？哦，我知道了，你一定是鸭嘴兽！”黄鼠狼说：“哦，不，我是一只黄鼠狼。”黄鼠狼？达利从没见过黄鼠狼，它继续问道：“你喜欢吃包心菜么？你吃小虫子么？你一定最喜欢吃水果吧？”话音刚落，黄鼠狼来到达利的跟前，大声说：“不，我吃兔子，你就是兔子！”“啊，我，我是兔子？”黄鼠狼舔着嘴巴，朝达利猛扑过去，达利想都没想，闪电般转过身，用它那超级大脚使劲一踢，黄鼠狼飞上了天。其他兔子纷纷从洞里跑了出来，它们欢呼着拥抱它，高兴地喊起来：“耶，英雄！英雄！达利，你是大英雄！”

“英雄？原来我是英雄，我还以为我是只兔子呢！”达利兴奋地说。

在这个世界上，兔子达利是很多人的写照。虽然他们活着，但从来不知道自己是谁，总是在不知不觉中去模仿别人，这是一种内心的迷失。现在社会上存在一种奇怪的现象，很多人喜欢以别人为参照，丧失了真实的自我。比如，当看到某种职业热门，自己也跟风而上，等自己做了却发现并不适合自己；当看到别人穿金戴银，也从来不考虑自己的经济条件是否允许，总是透支消费；生活中“东施效颦”的人比比皆是，他们在跟随别人的脚步中彷徨徘徊。最终，很多人活着活着，就不知道自己是谁了。

我是谁？这是一个古老的哲学话题，同时也是一个世界性的难题。在希腊太阳之神阿波罗的圣殿门口，刻着一行古老的字，其内容是：“要认识自己，这是人类最大的智慧。”的确，一个人要想活出真实的自我，其首要任务就是认识自己。

哲学家卢梭说：“上帝把你造出来后，就把那个属于你的特定的模子打碎了。”所以每个人都是独一无二的，不可能再有第二个你被铸造出来。在这个世界上，名声、财富或多或少总能求得一些，但是每个生命对这个世界的感受却是独特的，是其他任何人都无可替代的。在生命的范畴中，人类的第一哲学就是：“我是一切的根源。”一个人只有活出真正的自己，才能活出人生的轻松与洒脱，才能活出生命的特色与滋味。

请不要用别人的影子来刻画自己的未来，不要用别人的“闪光点”来照耀自己的生命，更不要用别人的行为来框定自己的人生。这都是对自己的鄙视与不尊重。世界上不存在两个相同的“你”或“他”，所以你不是谁，谁也不是你。好好做自己，人生才美好。

3. 活出自己内心的愿望，不要活成他人想要的形状

我们曾经渴望命运的波澜，到最后才发现，人生最曼妙的风景，竟是内心的淡定与从容；我们曾如此期盼外界的认可，到最

后才知道，世界是自己的，与他人毫无关系。

人的生命只有一次，就算再长，一辈子也只有百年而已。那么，在这短暂的一生中，我们究竟在追求什么呢？或许，这是一个永远没有标准答案的问题，因为每个人活着的意义各不相同。比如，有些人为名利而活，他们穷其一生都在追求功名利禄；有些人生活在灯红酒绿的浮华之中，他们信奉及时享乐的人生信条；有些人为儿女子孙而活，他们追求的则是后辈们功成名就、人生安康。

那么，这些人生活得幸福吗？他们的人生成功吗？其实，人这一辈子真正的成功只有一种，那就是按自己内心的愿望来活，以自己喜欢的方式度过一生，而不是努力活成他人想要的形状。下面让我们看一个耳熟能详但却十分经典的故事：

有一美国富翁去墨西哥的海边度假。在渔村的码头，富翁看到一只小船正在靠岸，船上放着几条大黄鳍鲔鱼。富翁对渔夫的捕鱼技巧恭维了一番，然后问渔夫："抓这么多鱼需要多长时间？"渔夫说："只需一会儿工夫就能抓到。"富翁又问："为什么不多工作一会儿，以捕获更多的鱼？"渔夫不以为然地回答："这些鱼已足够一家人的生活所需。"

富翁又问："你每天只工作这么短的时间，剩下的时间用来做什么？"

渔夫想了想说："我每天早晨睡到自然醒，起床后出海抓几条鱼；出海回来陪孩子们玩一玩，中午陪老婆睡个午觉；黄昏的时候去村子里喝点小酒，跟哥们儿玩玩吉他，侃侃大山。日子过得充实而忙碌！"

美国富翁认为人不应如此虚度，于是给渔夫出主意说："你每天应该多花些时间捕鱼，这样你就有钱买只大一点的船。等你买了大船，就可以抓更多的鱼。然后买更多的船，拥有自己的渔船队。这样就不必把鱼卖给鱼贩子，而是把大量的鱼直接卖给加工厂。当你攒够了钱，可以开一个海产品加工厂，自己生产、销售。然后，你可以把工厂扩展到洛杉矶、纽约等城市。"

渔夫问富翁："完成这一计划需要多长时间？"

富翁回答："大概需要20年。"

渔夫又问："那然后呢？"

富翁兴奋地说："时机一到，你可以宣布企业上市。如此一来，你就可以像我这样，成为身价过亿的富人。"

"再然后呢？"渔夫接着问。

富翁说："那个时候，你就退休了，可以搬到海边的渔村去住。每天可以睡到自然醒，起床之后出海抓几条鱼；回家后陪孩子们玩一玩，中午陪老婆睡个午觉；黄昏的时候去村子里喝点小酒，跟哥们儿玩玩吉他，侃侃大山。"

渔夫疑惑道："我现在不是已经过上这样的生活了吗？20年后，可能我都老得快死了吧！"

在这个故事中，渔夫可谓智慧之人，他清楚自己想过什么样的生活，更清楚自己的内心追求什么。然而，生活中确实有不少人，像这位美国富翁设想的那样，总是在刻意寻找什么，总是不遗余力地去获得什么。然而，等把一生的时间和精力全花费在某件事情上后，却猛然发现，兜兜转转几十年，又回到了生命的原点。而我们花大半辈子所追求的东西，并不在遥不可及的远方，而是眼前那些触手可及的美好。

很多时候，我们一味地追求别人眼中所谓的成功与幸福，反而忽略了现在拥有的幸福。而对于那些真正明白自己内心愿望的人来说，他们的行为并不被别人的言语左右，而是按照心中的意愿，过自己真正想过的生活。

在美国某个小镇上，有一年轻小伙子靠沿街说唱为生。有一个在美国工作的中国女子，也住这个小镇上。他们总是在同一家餐馆用餐，时间长了，彼此就熟悉起来。

某日，两人又在同一家餐馆用餐，中国女子对小伙子说："别再靠卖唱为生了，还是去做一份正当职业吧。我可以介绍你去中国教书，在中国你能够拿到比现在高 2 倍的薪水。"

听到中国女子的提议，小伙子先是愣了几秒钟，然后反问道："难道我现在做的不是正当职业吗？我喜欢自己现在的工作，它能给我也给其他人带来欢乐。我为什么要抛弃亲人、抛弃家园，独自一人远渡海外去做自己并不喜欢的工作呢？"

在这个世界上，很多人活着，但并没有明白活着的真正意义。他们活着的目的可能是为工作、为金钱、为父母、为孩子，但唯一没有考虑到的，就是为自己而活。也正是这个原因，很多人总是委屈地活着，他们可以忍受工作的不顺心，可以承受婚姻的不幸福，可以在不愉快的人际关系中强颜欢笑，可以压制自己内心的各种欲望。总之，只要能够活出令众人羡慕的模样，哪怕牺牲自己一生的幸福，也在所不惜。

人生中，我们谈论最多的往往是成功和幸福。那么，究竟什么才是真正成功而幸福的人生呢？其实，所谓成功并不是前程似锦、功成名就，所谓幸福也并不是让周遭的人认为你幸福。而真正成功幸福的人，则是过一种平凡却属于自己的生活。正如作家杨绛在百岁感言中所说："我们曾经渴望命运的波澜，到最后才发现，人生最曼妙的风景，竟是内心的淡定与从容；我们曾如此期盼外界的认可，到最后才知道，世界是自己的，与他人毫无关系。"

4. 太过匆忙，你是否早已忘记了当初为何出发

每个人都匆忙行走在拥挤的路上，我们总以为自己奔走的方向通往天堂，而我们却逐渐靠近一扇通往地狱的门。真正的天堂，其实在另一个极少有人到达的地方。

纵观当今社会各行各业，每个人都很忙，忙着不停地奔波。然而，很多人由于行走得太过匆忙，却早已忘记了自己的初衷。美籍黎巴嫩诗人纪伯伦说："我们都走得太远，已经忘记了当初为什么出发。"在行走途中遇到美丽的风景，或碰到某些难以跨越的障碍时，我们要么停止前行的脚步，要么改变行走的方向，从而使自己违背初心，离梦想越来越远。

我们为何要出发？又准备到哪里去？这不禁让我想起一则哲理故事：

一头母狮病故，狮王看着母狮的尸体心如刀绞，连续几天不吃不喝不睡。狮子大臣们安慰狮王说："大王，既然狮后去了，那就让它入土为安吧！"狮王认为众臣说的有理，就为母狮举行隆重的葬礼，并建造了一座华贵的坟墓。母狮被安葬后，狮王每天都去它的墓地散步。狮王发现母狮的墓地荒芜冷清，就在坟墓

旁种了许多鲜花。当鲜花开满墓地，狮王感觉还缺少一些树，又令狮子们种了很多树。

很多年过去了，母狮墓地旁边鲜花娇艳欲滴，树木郁郁葱葱，狮子沉醉于美景之中。不过，狮王依然感觉这个地方还不够完美。在思索了片刻之后，狮王认为是坟墓破坏了这美好的景致。于是，狮王令众狮把母狮的坟墓迁到别处。如此一来，风景总算完美了。然而，狮王却忘记了自己当初美化这个地方的初衷。

其实，类似故事中狮王的错误，我们人类也经常会犯。比如，我们的人生主要由工作和生活两部分组成，而且工作的目的是为更好地生活。但很多人却为了工作而失去了生活，他们每天没早没晚地加班，甚至连节假日也不让自己休息，更没有足够的时间来陪家人。最终，他们也许赚到了足够多的钱，但并没有享受到天伦之乐的幸福。

一个人，无论他的梦想是什么，无论以什么方式去奋斗，但归根结底都离不开一日三餐，离不开亲情、友情、爱情，其最终目的也是让自己及所爱的人生活得更幸福、更美好。其实，很多时候幸福就在我们身边，我们完全可以用最快捷的方式抓住它。反之，如果我们为奋斗而奋斗，为忙碌而忙碌，在忙完之后，却发现自己所做的每一件事只不过是“无事忙”而已。

有一年轻人，休息日闲在家里无事。他看着家中一面空白的墙，心中琢磨道：“如果在这里挂一幅画，可以让家里更美一点。”于是，他找来一幅画，然后忙着找钉子、锤子。当把钉子敲进墙后，却发现钉子太小，根本挂不住这幅画。怎么办？于是，他决定往墙上加一个木楔子，然后就去找木头。找了半天，找到一块木头，但没有办法把它锯下来。为锯木头，他去邻居家借斧子。找到斧子后，又发现斧子劈出来的木头不规则，需要用锯。然后去更远的邻居家借锯。当把锯借来后，发现锯条坏了，又开车去更远的地方买锯条。

就这样折腾了一整天，终于把需要的工具都凑齐了，对着一堆齐备的木匠活工具，这个年轻人已经不知道自己要干什么了，他早已忘了准备挂在墙上的那幅画。

我记得曾读过这样一句话："愚者永远比智者更忙。"当时并不太理解这句话的意思。但随着人生阅历的不断丰富，却发现中国的文字博大精深，所谓的"忙"字，不就是"心"的灭亡吗？当一个人的心迷失消亡了，他所做的一切也将失去原有的意义。

佛家云："你所真正在乎的，其实也正是你的死穴所在。"每个人都匆忙行走在拥挤的路上，我们总以为自己奔向的方向通往天堂，而我们却逐渐靠近一扇通往地狱的门。真正的天堂，其实在另一个极少有人到达的地方。难道，这不正像我们大多数人的生活状态吗？

事实就是这样。很多时候，我们在不停地行走，我们在辛苦地奔波，我们在周而复始地忙碌，但我们却忘记了自己最初的追求是什么，忘记了自己最终应该去哪里。所以，很多人奋斗了一生，也忙碌了一世，却只是从"一无所有"变为"极端贫困"——因为行走的脚步太过匆忙，早已忘记自己当初为何而出发。

5. 不必用别人的标准来框定自己的人生

有人的地方就有嘴巴，有嘴巴的地方就有是非。如果我们太在意他人的看法，总是按照他人的标准来活，这不仅会让自己失去个性，而且要承担违背内心意愿的苦楚。

在芸芸众生中，不但每个人的外貌不同，而且每个人的人生观、价值观也千差万别。然而，却有人喜欢模仿他人，并拿别人的标准来框定自己的人生。

当有人说："你这样不对。"你说："我改！"当有人说："你那里也错了。"你说："我再改！"当有人说："你这儿、那儿都不对。"你又说："我继续改。"

从某种程度上来说，知错必改是一种良好的品质。而现实存在的问题是，如果一个人总是拿别人的价值观与审美观来衡量自己，并盲目地改变自己，其结果往往是，你让甲满意了，却无法让乙也满意；你让乙满意了，却又无法让丙满意。最终，你把自己改得面目全非，而且丧失了内心的价值观，沦为他人标准的附庸。所以，一个人最智慧的做法就是，不迁就世俗，更不在乎他人的说三道四，而是按照自己内心的标准行事。

曾经有一个画家，他想画一幅人见人爱的作品。经过三个月的苦心创作，终于完成，便拿到市场上展览。

为了解众人对自己画作的看法，他在作品旁边放了一支笔，并在纸上附了一句话："如果你认为本人作品有欠佳的地方，请赐教，且在画中标出。”天黑后，他准备收摊儿回家，却发现画上被涂满标记，几乎每一笔都有人指出不足，这令他内心充满不悦及失望之感。

为真正认识自己的水平，画家决定再换一种方法试试。第二天，他又画了一幅与昨天一模一样的画拿到市场上。但不同的是，他在纸上写的文字是：“请观赏者将自己最欣赏的地方标记出来。”令人意想不到的是，画上涂满了赞美及肯定的标记。

“原来如此！”画家不禁感叹道。

确实如此，这个世界上没有一个永远不被诋毁、批评的人，也没有一个永远不被赞美的人。每个人的思维方式各不相同，而且会随时改变。也许，在某些人眼中看起来极丑的东西，在另一些人眼中却是极美的。在某时某地看起来不和谐的事物，如果换一个地方或时间，反而会变得美妙、和谐起来。如果我们总试图靠别人的看法与标准而活，那么我们的自信心将像建在沙滩上的城堡，随时都有被海浪淹没的可能性。

有人的地方就有嘴巴，有嘴巴的地方就有是非。如果我们太在意他人的看法，总是按照他人的标准来活，这不仅会让自己失去个性，而且要承担违背内心意愿的苦楚，这种为痛苦买单的行为，岂不是让自己吃了大亏？

在罗斯福总统执政期间，麦克斯·威尔医师曾为总统夫人的一位朋友做过一次手术。手术结束后，总统夫人邀请他来到白宫，并把他安排在白宫中住了一晚。据总统夫人介绍，麦克斯隔壁的那个房间，林肯总统曾经住过，为此麦克斯兴奋不已。他开始用白宫中的文具与信纸给母亲、朋友写信，并在心里对自己说：“麦克斯，你太幸运了。不仅能够来到白宫，并且住在林肯总统睡过的房间隔壁，这是多少人梦寐以求的事情呀！”

第二天早晨，麦克斯与罗斯福总统及总统夫人一起用早餐。他一边吃早餐，一边想着如何向朋友描述今天吃早餐的美好情景。这时，仆人送来一盘鲑鱼。麦克斯什么都吃，但从来不吃鲑鱼，看着餐桌上的鲑鱼，麦克斯惧怕无比。罗斯福夫人向麦克斯微笑，并指着罗斯福总统说：“他很喜欢吃鲑鱼。”麦克斯心想：“既然总统都喜欢吃鲑鱼，我也一定要吃。我是什么人呢？决不能怕鲑鱼！”就这样，麦克斯有生以来第一次吃鲑鱼。结果，他一整天都不舒服，直到晚上时仍然想呕吐。

后来，麦克斯一直在思索与总统一起吃鲑鱼这件事。关于此事，他在自己的著作《心灵的慧剑》中写道：“其实我一点也不想吃鲑鱼，而且根本没必要吃，但我却为了附和总统背叛了自己的内心。虽然这是一件很小的事情，很快就过去了。可是，从另一个角度来说，这不正是很多人为了成功而最常碰到的陷阱之一吗？”

在这个地球上，无论一个人的成就有多大，他的内心总会有不如某个人或某些人的想法，也正是在这种心理的影响下，很多人无法用自己的尺度来判断自己，而是用他人的标准来衡量自己，从而做出一些违背内心愿望的事情。

然而，人并不是商品，不存在固定的统一标准。如果一个人总是活在他人的标准之中，那么他将永远无法活出真实的自我。所以，不必在乎别人怎么评价自己，不要企图向别人看齐，更不要拿别人的标准来框死自己，那只会徒增苦恼，让自己离幸福越来越远。

6. 妄图照顾所有人的感受，注定自己不会好受

一个再如何八面玲珑的人，也不可能让每个人都认为他是好的。因为每个人所处的利益角度不同，而且每个人对好的评价标准也不同。就像商场中的衣服，每件衣服都颜色各异、款式不同，它们的存在只是为那些欣赏并适合它们的人。

大千世界，人头攒动。虽然我们身处同一个世界，但每个人眼里的世界各异，而且众人对这个世界上的事物或人的喜好也各不相同。所以，我们无论做什么事，想让一个人高兴容易，想让两个人满意也不难。但是，如果你企图照顾到所有人的感受，让所有人对你满意，那绝对是一件不可能的事情，不然老祖宗也不会造出“众口难调”这个意味深长的词。所以，人活着不要妄图照顾所有人的感受，这注定了你自己将不会好受。

一日，有人问孔子：“听说某人住在某地，据说当地的邻里乡亲们都很喜欢他，你认为这个人怎么样呢?”

孔子答曰：“能够让所有人喜欢，这固然很难得，但这将注定他本人活得并不轻松好受。我认为，如果他能够做到让所有德操高尚的人喜欢，让所有道德低下的人讨厌，那他才是一个内心坦荡的真君子。”

不要试图讨好所有人，否则你就会失去自己的原则，做不了坦荡的人。毕竟，一个人要想照顾众人的感受，必然要牺牲自己

内心真实的想法来迎合众人，这将会非常委屈自己的内心。

关于这个话题，美国国务卿鲍威尔总结出了与孔子相似的观点，他说："你不可能得到所有人的喜欢。"你希望自己能够和身边的每一个人搞好关系，于是你花费大量的时间来讨好迎合他人。但最终结果却是，那些不欣赏你的人依然对你冷眼相待，而你自己也因为做了违心的事，丧失了好心情。所以，一个人如果能够做到在这个世界上有几个交心的好友，让身边大部分人欣赏，令少部分人讨厌，这样的人生将会更加快乐，因为完美平衡了自我和群体之间的关系。

在林肯还不是总统时，有一次他召集 6 个幕僚一起开会。会议期间，林肯提出一个重大法案，但幕僚们的看法并不统一，于是 7 个人在会议桌上激烈争论起来。林肯在认真听取了他们 6 人的意见后，依然感觉自己的决策是最全面、最正确的。

最后决策时，6 个幕僚还是坚决反对林肯提出的法案。但林肯却不为所动，而是毅然对他们说："虽然我的这个决定让你们心里不好受，虽然只有我一个人赞成这个决策，但我仍然宣布这个法案已经通过。"

从表面上看，林肯独断专行，不尊重他人的意见，更不在乎他人的感受。而实际上，林肯已经对他们的看法进行了全面的考虑分析，这 6 个人之所以同时反对林肯，一方面是因为他们思考问题的境界还不够高，另一方面则是因为他们大部分人都犯了人云亦云的错误，根本没有做到用智慧解决问题。此时，如果林肯感情用事，一味地照顾幕僚们的感受，将会做出错误决策，其后果不堪设想，甚至会大大损害公众利益。既然如此，林肯就只能力排众议，始终坚持正确的观点。

环顾四周将不难发现，每个人的身边都存在大量对自己不满意的人。你想顾及每一个人的感受，你想把身边的每一个人都打发高兴，那几乎是不可能的事情。如果关注一下西方国家的投票选举活动，你将会明白，即使那些选举获胜的人，依然还会有40%以上的人反对他们，他们不可能让所有人都对自己举双手赞成。同样，对于芸芸众生的我们来说，更无法做到顾及身边所有人的感受。无论你说什么，或者做什么，总会有50%以上的人站起来反对，这实在是一件再正常不过的事情了。

活在社会上，一个再如何八面玲珑的人，也不可能让每个人都认为他是好的。因为每个人所处的利益角度不同，而且每个人对好的评价标准也不同。就像商场中的衣服，每件衣服都颜色各异、款式不同，它们的存在只是为那些欣赏并适合它们的人。对于那些不欣赏它们的路人甲或路人乙，它们不需要迎合，更不需要在意。一个人意识到这一点之后，就不会因为他人的反对而惴惴不安。

当有一天，你的行为或言语令身边的某人不高兴时，你就会心平气和地想："你不高兴没关系，你不欣赏我没关系，你骂我甚至唾弃我也没关系。你只不过是50%与我意见不一致者中的一个人而已。如果我照顾了你的感受，就会令我自己不好受，甚至会令那50%支持我的人也不好受。"

所以，一个人活在世上，不要妄图照顾所有人的感受，只要你能够做到让自己好受，让那些在乎你、理解你、支持你的人好受，就已经足够了。

7. 独立，是头等重要的事情

想过好人生，就一定要学会独立。因为，一个人只有真正学会了独立生活、独立思考、独立承担，内心才会足够强大，才能够轻松自如地应对遇到的各种挫折与磨难。无论发生什么事情，都可以让自己活下去，并且好好地、淡定地活着。

这是一个特立独行的时代，每个人都在追求独立，厌恶被他人控制、束缚。可以说，独立已经成为大家的共识。现在，如果我问大家："你感觉自己独立吗？"绝大多数人会认为，自己是独立的。他们认为自己独立的理由是："我靠自己的智慧赚钱，靠自己的劳动吃饭，我不依附于别人活着，自然我的生命就是独立的。"

独立，难道仅仅是指经济上的独立吗？如果你这么认为的话，那就大错特错了。其实，一个真正独立的人，不仅要在经济上独立，更要在心智、思想上独立。概括来说，真正的独立者必须符合以下考核标准：经济上独立，心智上健全；做事独立自主，行动自由；足够自信，有自己的处世准则；有自己的信念追求，有独立成熟的思想，不人云亦云、不随波逐流；自律、自省。如果你达到了以上标准，你就是一个不折不扣的独立者。

说起独立，不禁想起一个幽默的故事：

苏州有一呆子，已年满 30 岁，还靠父母养活。在呆子的父亲 50 岁那年，遇到一个算命先生，算命先生推算出呆子父亲的寿命为 80 岁，呆子的寿命为 62 岁。也就是说，在父亲去世后，呆子需要独自活在世上两年。听到算命先生的话，呆子哭着说："我父亲 80 岁的时候，我才 60 岁，剩下的那两年，我靠谁来养活呢?"

乍听起来，此故事幽默诙谐。可静心思考，却发现这并不是一个令人一笑了之的轻松故事，它深刻反映了某些年轻人难以独立的心理缺陷，心理学上将这一现象称为"婴儿情结"。

比如，现在的"官二代"、"富二代"，总是靠着有钱有势的爹妈生活。他们不仅在经济上不独立，过着饭来张口、衣来伸手的生活，而且在精神上也无法做到独立，他们甚至没有自己独立的人生观、价值观。凡事都亮出"我爹是 xx"的招牌，并仗着父母的光环唯我独尊、胡作非为。

从某种程度上来说，一个人要想独立，要想过有灵性的生活，首先要做到与他人、与热闹的圈子保持一定的距离。波斯诗人萨迪说："从此以后，我们告别了人群，选择了独处之路，因为安全属于独处的人。"只有这样，我们才有足够的时间、空间来思考问题，才能够形成自己独立成熟的思想。反之，如果一个人时刻混迹群体圈之中，每天热闹非凡，固然心情愉悦，但自己的行为、思想很容易受周围人的影响。时间一久，就逐渐丧失了独立思考、判断是非的能力。

在漫长的生命历程中，我们会遇到各式各样的人，有的人是你爱的，也有的人是爱你的。但无论是你爱的人还是爱你的人，他们只能陪我们走完生命中的某段时光，剩下的路程需要你自己行走。为使自己独自行走的岁月痛苦少一点，我们必须要学会独立。

有一位老人与一个年轻人同时在沙漠中种胡杨树，当把树苗种上之后，年轻人总隔三岔五地给树浇水，而老人看树苗成活后就很少来。即使偶尔来一次，老人也从来不浇水，只是把那些被风刮倒的树苗扶一扶。

转眼，几年时间过去了。有一次，沙漠中刮起了严重的沙尘，年轻人发现自己种的胡杨树全被大风刮倒了，有的甚至连根拔起。而老人所种的树，只是被吹断了一些无关紧要的枝叶而已。年轻人很诧异，问老人原因。老人答道："你经常给树浇水，它们的根就不会往泥土深处扎。而我在树苗成活后就不再浇水，逼得它们不得不把自己的根扎到地下的泉水之中。树的根如此之深，怎么可能轻易被风刮倒呢?"

其实，人的一生，就像生长在沙漠中的胡杨树，只有经历沧桑，才能让自己学会坚强。所以，要想过好人生，就一定要学会独立。因为，一个人只有真正学会了独立生活、独立思考、独立承担，内心才会足够强大，才能够轻松自如地应对遇到的各种挫折与磨难。无论发生什么事情，都可以让自己活下去，并且好好地、淡定地活着。

依赖就像毒品，是一件令人感觉舒服的事情，但却会让一个人变得懒惰、软弱，失去自我。当有一天，你所依靠的人突然离你而去，此时你不仅失去了快乐，而且失去了精神支柱，让自己在软弱中死亡。正如易卜生说："世界上最坚强的人，是那些真正独立的人。"所以说，做人最重要的是独立。我们不仅要在经济上独立，更要在人格、思想上做到独立。

Chapter 2

不要成为“盗版”的别人，而要成为“原版”的自己

Zhebeizi
Henduan
Buyao
Weibieren
Erhuo

1. 每个人出生时都是原创的，但渐渐地就活成了盗版

在“盗版”满天飞的当下，我们每个人都有支持“原创”、拒绝“盗版”的职责，从而使人生迈向成功的光明大道。我们需要始终提醒自己，你不是别人，只是你自己，是世界上独一无二的“原创作品”。

众所周知，“盗版”是一个引起公愤的词儿，即不法商家通过抄袭、模仿等卑劣手段制造出来的劣质产品。然而，在当今繁杂的社会，很多人为了“适应社会”，总是刻意模仿别人，并在模仿中逐渐迷失自己。正因如此，网络上曾经流行这么一句话：“每个人出生时都是原创的，但渐渐地很多人活成了盗版。”

哲学家说：“每个人就像一片叶子，有着自己独特的形态与脉络结构。”可是，总有一些不自信的人，他们抹平了自己的脉

络，然后去模仿其他叶子的结构。然而，无论模仿者的技术多么高超，他都永远无法超越被模仿者。其最终的结果是，模仿者只能成为二流的别人，却成不了一流的自己。而那些善于突破，敢于尝试，大胆做自己的人，才能够成为“原版”独创的自己，散发着与世界不一样的光彩。

画家张大千年轻时，曾留学欧洲。当时的他极其喜欢西方的绘画风格，为掌握西方绘画技巧，他刻意模仿。当他认为自己的绘画水平达到一定境界时，举办了一次个人画展，并特意邀请毕加索参加自己的画展。在画展上，张大千摆满自己创作的所有作品，并为此得意不已。就在他等待众人的肯定、赞美时，毕加索却当头一棒：“张大千在哪里?”

说完，毕加索扬长而去。张大千认真思考毕加索的话，最终恍然大悟：“是呀，这里的每一件作品都是他人的影子，的确没有真正属于自己的画!”在之后的创作中，张大千彻底摆脱了模仿他人的习惯，形成了自己独特的风格，并最终成为闻名世界的绘画大师。

只做“原创”的自己，不做“盗版”的别人，在这种精神的指导下，张大千创作出独一无二的作品，成就了与众不同的自己。的确，别人作品中的风景再美，你描摹得再逼真，也永远只是一个模仿者。别人的风景终归是别人的，永远无法变成自己的风景。其最终结果是，你模仿我，我模仿你，仿来仿去，很多人就找不到自己了。

万事万物，各具特色，各有秉性，我们千万不要做踩着别人脚印前行的模仿者。在自己的人生里，别去描绘别人的风景，因为别人的风景中没有你的生命。反之，如果一个人一味地模仿别人，他的生命将是在重复他人的人生，不管如何努力，也终究无法走出他人的影子。正如国画大师李可染所说：“踩着别人的脚印前进，最佳结果也只能成为亚军。”而只有坚持自己特色的人，才能够超越众人，成为令人瞩目的冠军。所以，聪明的人绝不会模仿别人，而是用心描绘自己人生的美好风景。

勒布朗·詹姆斯为著名篮球运动员。由于他天生具有出众的运动天赋，在刚进入联盟时，勒布朗·詹姆斯经常被人拿来跟乔丹作比较。每当谈论这个话题时，詹姆斯都会不高兴地说：“这些比较很好，我也为此受宠若惊，因为乔丹是我的英雄，也一直是我仰慕的人。但我就是我，希望这种比较会变成谁是下一个勒布朗·詹姆斯，而不是谁是下一个乔丹。”

“不做下一个谁，只做第一个我。”这是詹姆斯在为耐克代言时的经典广告语。在现实中，他真正做到了不做别人，只做自己。乔布斯也曾说：“你的时间有限，请不要将时间浪费在重复他人的人生上，不要被教条束缚，否则你将被笼罩在他人思考的阴影之下。”可以说，这是做自己的最好宣言。

在“盗版”满天飞的当下，我们每个人都有支持“原创”、拒绝“盗版”的职责，从而使人生迈向成功的光明大道。我们需要始终提醒自己，你不是别人，只是你自己，是世界上独一无二的“原创作品”。坚持“原创”的自己，这虽不能让你快速成名，但却能够让你坚守自己内心深处的“核”，不至于在模仿中迷失。

当大海没有了自己汹涌澎湃的海浪，就失去了勇猛宏伟的气势；当沙漠没有了漫天飞扬的沙尘，就失去了苍茫荒芜的特色；当一个人没有了与众不同的个性，就失去了真正出色的机会。的确如此，即使你想成功，也只有坚持做自己才能更容易做到。

一个人要想活出独一无二的自己，就要坚持做“原创”的自己。即使是小时代里平凡的一粒微尘，只要保存真实本色的个性，也一样比“盗版”的成功人士更具价值。

2. 就算卖煎饼果子，也要卖出自己特有的风格

古今中外，有哪件赝品的价值能够超越真品？同样，做人也是如此，一个人要想脱颖而出，就要发现自己的特长，并把这种特长变成自己与众不同的特色。这正如京剧大师郝寿臣告诫弟子时所说：“把我捏碎了成你，不要把你捏碎了成我。”

一个人要想成功，就一定要做到与别人不一样。做人是这样，做生意也是如此。在这个世界上，我们每一个人都是孤本奇书，每个人都是绝版真品，所以我们要好好珍惜这世界上唯一的自己。哪怕你只是一个卖煎饼果子的，也要让自己具有与众不同的特有风格。

听说过用互联网卖煎饼果子吗？几块钱一个的煎饼果子，竟然可以做得如此“高大上”？也许，这是很多人连想都不敢想的事情，但却有人真的做到了。比如，网上曾疯传一个名叫“黄太吉”的煎饼店，他们不仅把煎饼做上了互联网，而且成功吸引了4000多万的风投。如今，“黄太吉”已经有十几家店，总面积达到1000多平米。他们的理想不仅是在中国开更多的店，

而是让“黄太吉”在美国上市，走向全世界。

坚持原创个性，这是草根逆袭的最大法宝。活在世上，我们最大的使命就是发现自己的闪光点，并把自己打造成一颗光彩夺目、不可替代的珍珠，使自己的光芒闪亮别人的双眼，而不像某些自卑、自贱的人，总是在模仿中贬低自己，使自己像尘埃一样，在他人的影子中逐渐消失。

清朝乾隆年间，有两个书法家。一个书法家刻意模仿古人，要求自己每一笔画都要酷似某人风格。比如，写出的某一横，必须要像苏轼；写出的某一捺，必须要像李白。而另一个书法家恰恰相反，他要求自己的每一笔都要不同于他人，极力打造自己与众不同的书法风格。

有一天，第一个书法家嘲讽第二个书法家说：“请问仁兄，你的字究竟哪一笔是古人的?”第二个书法家并没有生气，而是笑着反驳道：“也请问仁兄，你的字究竟哪一笔是自己的?”第一个书法家听后，顿时无言以对。

中国绘画大师齐白石说：“学我者生，似我者死。”其意思是说，如果一个人走不出他人的局限，做什么事都刻意模仿，这样将会失去自己的风格与特色。就算你模仿得了他人的外在，却难以模仿他人的灵魂，更难以在成就上超越对方。

许麟庐是齐白石的得意门生，他跟随师父齐白石学习 13 年，并享有“东城齐白石”之美誉。作为齐白石的关门弟子，师父的人生观点对许麟庐的绘画创作产生了巨大的影响。

齐白石一生不仅喜欢养虾，而且喜欢画虾。之后，齐白石的画虾功夫传给了许麟庐，他模仿师父画对虾的境界达到了炉火纯青的地步，外人一般都分辨不出真假。为此，许麟庐开始有些飘飘然。齐白石对弟子的表现看在眼里，于是教导许麟庐说：“学我者生，似我者死。”你可以学我作画时的心，但不可学我的手。也就是说，作画要具有一定的灵气。如果一个人具有灵气，则可以一点就通、一点百通；反之若没有灵气，就算再点也通不了。另外，齐白石还教导弟子们说：“为万物写生，为百鸟写照。太似为媚世，不似为欺世。”所以，齐白石所追求的境界是，似与不似之间。

许麟庐领悟了师父的意图，从此以“寻门而入，破门而出”的理念学习绘画。在绘画创作上，许麟庐不仅向师父齐白石学习，同时也借鉴、吸取了徐渭、朱耷等画家的绘画技巧。比如，齐白石作画时如写楷书，给人一种古朴凝重之感。而许麟庐却反其道而行之，以独特的狂草笔法入画，形成了自己独特的绘画风格。

艺术就是如此，每个人都要具有自己独特的东西。否则，就算你学别人学得再像，也只是别人的赝品而已。古今中外，有哪件赝品的价值能够超越真品？同样，做人也是如此，一个人要想脱颖而出，就要发现自己的特长，并把这种特长变成自己与众不同的特色。这正如京剧大师郝寿臣告诫弟子时所说：“把我捏碎了成你，不要把你捏碎了成我。”

所以说，人生并不是简单的模仿，而是从他人身上吸取营养，形成一个独特的自己。只有这样，我们才能够把自己锻造成一把锋利无比的宝剑，任你遇到如何险恶的大风大浪，都可以所向披靡，杀出一条属于自己的道路。

3. 别怕和这个世界不一样

活着，就要和这个世界不一样。如果凡事都是跟随他人的步伐，与无数的众人做着相同的事情，那么你就如同一滴水消失在水中，无法在世界上留下任何曾经存在的痕迹。

我曾经读过这样一句话：“第一个说姑娘美如花的人是天才，第二个夸姑娘比花还漂亮的人是聪明人，而第三个称赞姑娘美得像花一样的人，是一个不折不扣的蠢人。”是的，第一个人之所以是天才，正是因为他敢于第一个吃螃蟹，不怕和这个世界不一样。

玩股票的人都明白这样一个道理，当绝大多数人都在追涨，这个时候如果你也跟在别人屁股后面，那么血本无归、输得最惨的人往往就是你这个跟风者。所以，无论在工作中还是生活中，一个人要想有所作为，就要敢于使自己的思想、行为与这个世界不一样。有人会说：“真理掌握在众人的手中，所以跟着大家走不容易犯错。”而事实上，真理往往掌握在“特立独行者”的手中，只有那些善于创新、敢于和世界不一样的人，才能创造出与众不同的世界，最终成就一番伟大的事业。

苹果教主乔布斯曾说：“向那些疯狂、特立独行、想法与众不同的家伙们致敬。或许在一些人看来他们是疯子，但他们是我眼中的天才。”是的，疯狂是因为他们拥有梦想，与众不同是因为他们的想法具有独特性。按照二八法则，80%的人思维是趋于一致的，只有20%的人敢于标新立异，而且世界上的成功者也大都在这20%的人之中。

所以，如果我们想成为这20%成功者中的一员，那就要改变思维方式及做事风格，让自己成为与这个世界不一样的人。

在一次电视访谈节目中，有一个学生向万达集团董事长王健林提问："如何才能成为世界首富?"面对这一问题，王健林笑着回答："成为首富有两个办法，其中最快的办法就是，把我财富的90%分给你，这样你立马就是首富。不过，这种方法不太现实。而第二个办法是，让自己找到一个赚钱的行业和买卖，而要找到赚钱的买卖，这就需要你具有与别人不一样的办法。"虽然这只是王健林风趣幽默的玩笑话，但其中却包含了他以"创新"为核心的经营理念以及他所追求的"就是和别人不一样"的行事风格。

无论在工作中，还是在生活中，王健林说的最多的一句话就是："到了黄河也不死心，撞到南墙也不回头。"针对这句口头禅，他的解释是，到了黄河搭个桥就过去了，撞了南墙搭个梯子同样翻过去了。总之，办法总比困难多，这就看你能不能做到和别人不一样，是否善于用不同常规的思维来思考、解决问题。

在这个世界上，每个人都是独一无二的。只要你敢于凸显自己的特色，做到与世界不一样，那么你就能够尽快抵达梦想的成功之地，实现自己与众不同的人生价值。美国著名音乐大师金·奥特雷正是凭借自己与众不同的声音上位，并最终获得了事业的成功。

在美国的音乐界，金·奥特雷的名字可谓是如雷贯耳，尤其他独具德州口音的声音与演唱风格，为他的演唱博得了众多的掌声与赞美。然而，在成名之前，这种充满乡土气息的德州口音，曾经是阻碍他演唱表演的最大障碍。

金·奥特雷出生于美国德克萨斯州的乡村，刚到纽约时他操着满口的家乡话，令人感觉既土气又难听。朋友都劝他改掉乡音，像城市中的绅士们那样说话、做事。为使自己尽快融入纽约的都市生活之中，金·奥特雷开始变得小心翼翼地，并一板一眼地模仿绅士们的行为。由于他的刻意模仿，大家都在私下里嘲笑他矫揉造作，甚至嘲讽他是“伪君子”。

得知大家对自己的评论，金·奥特雷迷茫的内心更加迷茫，不晓得如何做才对。在一段时间的思索反省之后，金·奥特雷感慨道：“既然我与这个世界不一样，我就要凸显出自己的不一样，哪怕我的声音土得掉渣，我也要把这种土气呈现给这个世界！”

就这样，当金·奥特雷操着自己原有的音色演唱自己家乡的老歌时，听众们竟然听得如痴如醉。从此，金·奥特雷开始了自己的音乐事业，并最终成为世界电影及播音节目中最负盛名的西部歌星之一。

活着，就要和这个世界不一样。如果凡事都跟随他人的步伐，与无数的众人做着相同的事情，那么你就如同一滴水消失在水中，无法在世界上留下任何曾经存在的痕迹。而只有学会和世界不一样，才能够一展你的独特风采。

有一首名为《倔强》的歌，其歌词中写道：“当我和世界不一样，那就让我不一样。我如果对自己不行如果对自己说谎，即使你不原谅我也不能原谅。最美的愿望一定最疯狂，我就是我自己的神在我活的地方……”的确，在这个世界上做人很难，做一个与世界不一样的人更难。既然无论如何都离不了一个“难”字，为什么不让自己倔强到底，做一个与众不同的自己呢?

4. 远离初心，你将会活成自己曾经讨厌的模样

每个人在年少时，都曾经有过美好的梦想。但在现实面前，很多人为了谋生，开始向岁月妥协并缴械投降。就这样，我们成了现在的自己，变成了自己曾经讨厌的模样。

“不忘初心，方得始终”，这句话出自《华严经》。那么，究竟何为初心？所谓初心，即初始之心，做某件事情的最初原因，也就是为自己内心的愿望而活。

人心好静，而欲牵之。随着年龄的不断增长，却发现当繁华落尽，洗尽铅华时，我们却忘记了昔日的初始之心。于是，越来越多的人感叹：初心拥有很容易，但坚持却太难。

“人生真是讽刺，我们竟然活着活着变成自己曾经讨厌的模样。”这是网络上极为流行的一句话。比如，当我们还是孩童时，老师问：“你们的理想是什么?”有人的理想是军人，有人的理想是医生，有人的理想是作家……

我记忆最深刻的是，自己当时的理想是做发明家，发明很多好玩的玩具。而有一个叫二胖的同学，他的理想则是当皇上，且发誓这辈子除皇上之外的其他职业一律不做。然而，若干年之后，几乎每一个人都做着与理想不相干的工作。比如，我的职业是每天对着电脑噼里啪啦地写字，与当初的发明家扯不上半毛钱

的关系，而那个曾经发誓绝不做皇上之外职业的二胖，也注定终生成不了梦想中的自己。在岁月的不断流逝中，我们开始离梦想越来越远，甚至成为自己当初讨厌的样子。

人生的道路艰辛又漫长，但我们切不可让自己马不停蹄地奔跑，而应该走走停停，偶尔歇脚欣赏一下路途的风景。反之，如果一个人跑得太快，到头来不但没有得到什么，反而弄丢了自己的初心，并被岁月改变成曾经讨厌的模样。我认识一位军人朋友小吴，当我与他探讨“被岁月改变模样”的话题时，他给我讲了一个自己经历的故事：

在我进军校的第一天，所有的新兵都被迫剃掉头发，穿同样的装束，遵循所有的规定。接下来的军训十分艰苦，但我们都咬牙硬挺着。

班长是一个简单粗暴的人，只要我们犯错，他就会拳打脚踢。其中，有位大个子新兵被打得泪流满面。他的理由是：“别怪我打了你们，等你们以后当了班长，照样会动手打新兵，我可是为你们好……”

一天夜里，小王说：“等我以后当了班长、排长，一定不打新兵，我要用语言来教育他们！”

“不打！”一个战友赞同说。

“不能打！”大个子战友附和说。

“无论如何也不应该打！”大家纷纷说。

宿舍里每个兄弟都怀着一个美好的愿望：以后做一个不动手打新兵的好班长。

几年之后，战友们都被分配到基层，过上了带兵当领导的日子。见到久别的战友，聊起带兵的事情。小王叹口气说：“带兵难呀！”我问小王什么带兵方法最有效。他说：“简单粗暴的方法最有效。可是，你知道的，我不愿意这么做。”接着，小王讲起自己带兵的经历。

小王给手下班长们提前吩咐：不准动手打新兵。但班长们总是喜欢动手。在一次训练中，就在某班长巴掌将要落下时，小王拦住了。他对班长说：“别动手！”班长觉得自己的威信被挑战，对小王大声喊道：“你不懂，有时候就要动手。”小王坚定地说：“我说不能就不能。”结果，这场训练不欢而散。从那天之后，几个班长联手挤兑排长小王，说他不懂管理。新兵们怕被班长收拾，也都离小王远远的。

小王说：“每当看到班长打新兵，我总会想起自己当初许下的不打新兵的诺言。”对于小王的带兵经历，我没有做出任何评价，只是感觉有泪水在眼睛里打转。而坐在旁边的战友却说：“你是不是傻了？新兵就是要打，何况是班长动手，又不是你打。再说了，又不是打你，是打别人！”而说这句话的人，正是当年被打得稀里哗啦掉眼泪的大个子战友。

人生就这样，我们活着活着就忘记了曾经的初衷，渐渐活成自己讨厌的模样。当我们年轻的时候，总认为自己活着的使命就是改变世界，然而可悲的是，随着岁月的流逝，年龄的增长，我们早已忘记了改变世界的梦想，却发现自己被世界改变了，并且变成了自己曾经讨厌的模样。比如，当年那些誓不结婚的单身主义者，现在早已儿女绕膝；那些曾为坚守文学梦，而朝不保夕的文艺青年，早已投身到散发着铜臭味的商海之中；那些对官场黑暗深恶痛绝的正义青年，现在早已千疮百孔，在贪腐的路上乐此不疲。

也许，每个人在年少时，都曾经有过美好的梦想。但在现实面前，很多人为了谋生，开始向岁月妥协并缴械投降。就这样，我们成了现在的自己，变成了自己曾经讨厌的模样。

当一个人的内心坍塌时，他就会有所依附、有所将就。渐渐的，我们就丢掉了初心，远离了真实的自己。然而，难道人生是一场必输的赌局吗？难道我们就眼睁睁地被岁月改变成自己曾经讨厌的模样吗？其实，只要坚持初心，总有一天你会站在最明亮的地方，活成自己曾经渴望的模样。

5. 寻找你的辨识度，做与众不同的自己

在这个讲究特色与个性的年代，墨守成规、千人一面者注定被埋没。而那些善于利用自己的闪光点吸引他人眼球的人，无论在穿着打扮上，还是在言行举止上，无不散发着与众不同的个人风格，从而使自己在芸芸众生中脱颖而出。

在现实中，我们经常会遇到这样的尴尬局面：你去参加朋友的聚会，突然来了一群陌生人，朋友介绍说，这是张三，这是李四，那是……就这样一个个面孔在你面前一闪而过。可只一会儿的工夫，你就分不清这些人谁是谁了，甚至会闹出张冠李戴的闹剧来。

其实，遭遇这种尴尬境遇的不只是你，而且大有人在。前苏联心理学家莱斯托夫认为，人对初次见面的陌生人的印象只会保留很短的时间。如果想让对方长时间记住你，就要善于巧妙地突

出自己的个性特色，并让这些个性特征成为对方记忆的焦点，这就是心理学中的“莱斯托夫效应”。其核心观点为：相对于普通的事物，那些特殊事物更容易被牢记。而这所谓的特殊事物可能是一列单词、一组图像，也可能是一些事件或不同的面孔。

在学习世界地理时，很多国家的地理位置都很难记住，但对于那些在地图上呈现特殊形状的国家却记得相当清楚。比如，中国地图的形状像一只昂首挺胸的雄鸡；意大利地图的形状像一只高筒靴和皮球，等等。这种记忆法无形中就运用了“莱斯托夫效应”，即记住对方最突出的个性。下面让我们看一则民国学者胡适的案例：

民国著名学者胡适，经常去大学做演讲。有一次，胡适在演讲中引用了孔子、孟子、孙中山等人的观点，并在黑板上写道：“孔说”、“孟说”、“孙说”。

当胡适发表自我意见时，在座者皆哄堂大笑。原来他在黑板上写了“胡说”二字。

胡适给众人的印象是幽默、谦虚、随和，这便是胡适先生与众不同的自我标签，也是他留给大家的第一风格。风格的作用非常大，不仅会在对方心目中存留很长时间，而且会形成一种心理定式，让对方认为你就是这样一种人。

法国作家福楼拜说：“风格就是生命。”俄国哲学家别林斯基说：“风格是在思想和形式密切融合中按上自己的个性和精神独特性的印记。”在语言风格上，有人幽默风趣，有人语言朴实；在眼神与表情上，有人面带微笑，有人咄咄逼人；在服饰风格上，有人华贵高雅，有人简洁质朴。总之，每个人都有各自的风格，风格就是你自己。

很多人不清楚自己具有什么风格，甚至认为自己根本没有任何特色，其实这是一个人不自信的表现。要知道，每个人身上都具有一种独属于你自己的气质与特色。只要你善于发现，并加以利用，就能够呈现出自己的与众不同。说到这一点，历史上有一段趣事：

东晋的郗鉴官拜太傅，是一位很有实力的政治人物。他的女儿到了待嫁年龄，太傅便考虑给女儿挑选一个佳婿。那时的人特别看重门第，并讲究门当户对。而在当时，就属王导的势力最大，子弟众多，郗鉴决定在王家子弟中挑选女婿。

于是，郗鉴修书一封，让弟子送给丞相王导，表明自己有女长成，希望能和王家结亲。

在当时，官员之间的儿女成亲是很经常的事情，所以王导也非常希望能够和郗家结亲。但是，王家的子弟众多，王导不知道挑选哪位才能使郗家满意，索性就大方一些，让王家自己来挑女婿。于是他也修书一封，派人送到郗家，他在信中写道：“王家和郗家成亲，这是一件美事。但是老夫眼拙，女婿的事，要请足下亲自挑选。年轻人都在东厢，如果看中了哪位，他就是郗家要选的女婿。”

次日，郗鉴就派管家去王家的东厢挑选。王家子弟听说郗家挑选女婿的事情之后，都希望自己能被选中，每个人都穿戴整齐，等候在那里。这些年轻子弟们个个相貌出众、谈吐文雅，但美中不足的是他们都过于矜持。只有一个人，他若无其事地躺在东床上，露着肚皮在吃东西，似乎对郗家选女婿的事并不关心。

回去后，管家将自己看到的一切回报给郗鉴。郗鉴听后，对其他人并不在意，唯独对那个躺在床上吃东西的人颇有好感。最后，郗鉴亲自去了王家，宣布："此年轻人正是我所要的女婿。"于是把女儿嫁给了他。此人正是著名书法家王羲之。

王羲之能够从王家的众子弟中脱颖而出，成为郗鉴的东床快婿，郗鉴看中的并不是他的容貌或者才华，而是他特立独行、别具一格的表现。这个故事也更好地印证了莱斯托夫效应，即最为特殊的事物，最容易给人留下深刻印象，并容易令人记住。

大凡成功者，他们都具有自己独特的个人魅力，而这种魅力正源于一个人标新立异的个性。尤其在这个讲究特色与个性的年代，墨守成规、千人一面者注定被埋没。而那些善于利用自己的闪光点吸引他人眼球的人，无论在穿着打扮上，还是在言行举止上，无不散发着与众不同的个人风格，从而使自己在芸芸众生中脱颖而出，成为一个辨识度极高的人。

6. 我就是我，是颜色不一样的烟火

世界是五颜六色的，人是各式各样的。我们每一个人只需活出属于自己的精彩，没必要过他人的日子。所以，无论在何时何地，我们都要保持自己的本色，做世界上不一样的烟火。

西方有句谚语说："上帝从不偏心，我们都是用同样的黏土捏成的。"正因为我们每个人都是上帝的孩子，虽无法做到完美，但每个人都有自己的亮点。又如美学大师罗丹所说："美到处都有，对于我们的眼睛，不是缺少美，而是缺少发现。"所以，生活中，我们总是难以发现自己身上的美与亮点，只好一味

地模仿别人，从而失去了自己原有的个性。

关于模仿，有这样一则寓言故事：

有一只麻雀非常崇拜孔雀，他认为孔雀的步伐如此优雅，高高扬起的头冠多么高贵，那抖开的羽毛多么漂亮。于是，麻雀暗暗对自己说：“我一定要学习孔雀的样子。当我学成之后，所有的鸟类都将会赞美我、欣赏我。”

从此，麻雀开始每天模仿孔雀的样子。它伸长脖子，高高抬头，鼓起胸脯，伸开尾巴上的羽毛，做了个“孔雀开屏”的动作，并且模仿孔雀的步伐前前后后地踱着方步。为完成这一系列复杂的动作，麻雀的头、脖子、脚都累痛了。更糟糕的是，麻雀的模仿并没有换来其他鸟的赞美。相反，乌鸦、金丝鸟等鸟类都嘲笑这只模仿孔雀的麻雀。

这样坚持了没多久，麻雀对这种高难度的动作再也受不了了，于是自言自语说：“做孔雀的日子我也体验过了，现在不想玩了，还是做自由自在的麻雀好。”可是，当麻雀按照原来的样子走路时，却发现自己没办法正常行走了，只能一跳一跳地前行。这就是为什么麻雀只会跳而不会走的原因。

著名心理学家威廉·詹姆斯曾说：“很多人从来都没有发现过真实的自己。他们自身具有各种各样的能力，却总不懂得如何利用。其实，在茫茫尘世、芸芸众生中，每个人的身上都必然会有一两处独特炫目的闪光点，这正是人之所以为人的魅力之源。”如一首歌中所唱：“我就是我，是颜色不一样的烟火；天空海阔，要做最坚强的泡沫；我喜欢我，让蔷薇开出一种结果；孤独的沙漠里，一样盛放得赤裸裸……”

现实生活中，当某个人取得了成功，其他人都会一窝蜂地去模仿，无论在穿着上，还是在声音上，甚至是人生观、价值观，都要与成功者保持高度一致。的确，成功者身上有很多值得我们学习的地方，但我们每个人都具有自己独立的个性、价值观、人生观，如果总是一味地去模仿别人，那么这个世界将会失去曾经的五彩缤纷、个性十足、百花争妍，从此只剩下色彩单调的黑色或白色。

在卓别林刚开始拍电影时，导演让他模仿一位非常出名的德国喜剧演员，但卓别林却始终坚持自己的表演风格，并创造出一套独有的表演方法。可以说，卓别林为世界电影业做出了不可估量的贡献。为此，英国女王伊丽莎白二世授予卓别林爵士称号，著名剧作家萧伯纳称赞卓别林为“电影界独一无二的才子”。

当玛丽·马克布莱德第一次上电台时，她总是刻意模仿爱尔兰的某位明星，但在事业上始终没有任何起色。直到有一天，玛丽·马克布莱德以密苏里州乡村姑娘的本色出现在众人的视线里，才一举成名，成为纽约最受欢迎的女主播。

每一个人都有属于自己的那条路，每一段路程都有不同的经历与感受。也正是因为生命存在“差异化”，所以每个人的成功和经历都是无法仿效和复制的，这也正是我们每个人努力做自己而不模仿他人的真正理由。

美国诗人、思想家爱默生说：“一个人终有一天会明白，嫉妒是无用的，模仿就是自杀。”总之，世界是五颜六色的，人是各式各样的。我们每一个人只需活出属于自己的精彩，没必要过他人的日子。所以，无论在何时何地，我们都要保持自己的本色，做世界上不一样的烟火。正如美国著名诗人格拉斯·马洛奇在自己的诗中所写：

如果你不能成为山顶的一株松
就做一棵小树，生长在山谷中，
但须是溪边最好的一小棵。

如果你不能成为一棵大树，就做灌木一丛；
如果你不能成为一丛灌木，就做一片草绿，
让公路也有几分欢愉。
如果你不能成为一只麝香鹿，就做一条鲈鱼，
但须做湖里最好的一条。

我们不能都做船长，我们得做海员。
世上的事情，多得做不完；
工作有大的，也有小的，
我们该做的工作，就在你的手边。

如果你不能做一条公路，就做一条小径。
如果你不能做太阳，就做一颗星星。
不能凭大小来判断你的输赢，
不论你做什么，都要做最好的一个。

7. 打造能做自己的资本

无论是动物、植物，还是人类，要想成功地生存下来，都要掌握一套适合自己的生存方法，并懂得如何最大限度地保护自

己、趋利避害。否则的话，早就被自然界淘汰掉了。为了让自己更好地生活，更好地完成造物主赋予的使命，我们有必要打造做自己的资本。

人人都想成为独一无二的自己，做某个领域的佼佼者。然而，并不是每个人都能够真正做到。因为除了愿望之外，我们还需要拥有相应的资本。做自己想做的事，需要你打造自己的资本。一个人只要具备了做自己的资本，无论他们从事哪一行业，也不管他们处于什么地位，总能演绎出不平凡的角色，成就最好的自己。

有人可能会说，我不是成功者的料，我身上也不具备成功者的气质与精神。其实，世界上没有哪个人生下来就注定是成功的，每一个成功者的气质和精神，都是经过后天培养而逐渐获得的。那么，一个人要想成功做自己，究竟需要具备哪些资本呢？概括来说，需要以下三大资本：拥有一技之长，保证自己有足够的实力脱颖而出；拥有强大的自信心，敢于在众人面前展示自己的与众不同；具有坚忍不拔的毅力，敢于与梦想死磕。

记得曾读过这样一个故事：战国时期，赵国有一位叫公孙龙的名士，门下汇聚很多具有特殊技能的门客。公孙龙与他人交往相处的观点是：一个真正聪明的人，绝不会只结交与自己相似的人，而要善于接纳具有不同特长的人。

有一天，一个衣衫褴褛的人拜见公孙龙，并毛遂自荐说：“我有一种特别本领。”公孙龙问：“你有什么本领？”那人说：“我声音很大，善于叫喊。”公孙龙听后，转身问其他门客：“你们有谁善于叫喊？”结果没一个人回答。于是，公孙龙收这个人做了随从。

几天后，公孙龙与门客们一起外出游玩。他们来到河边，发现河很宽，而可以渡河的船却在河的另一头，所有人都不知道如何是好。这时，公孙龙想起自己刚收下的门客，就转身对此人说：“你大声叫对面的船夫，让他把船划到我们这里来。”那个善于喊叫的人觉得展示自己才能的机会终于到了，于是大声向对面喊道：“喂，船夫，把船划过来，我们要过河。”此人话音刚落，对面的船夫就向他们的方向划来。

或许你不够英俊，或许你不够聪明，但你必须要有自己的一技之长。“适者生存”是自然界的生存法则，无论是动物、植物，还是人类，要想成功地生存下来，都要掌握一套适合自己的生存方法，并懂得如何最大限度地保护自己、趋利避害。否则的话，早就被自然界淘汰掉了。比如，鹿善于逃跑，以逃脱猎人的追击；蝴蝶、变色龙等善于色彩伪装，使自己不被发现；壁虎善于取舍，在遇到危险时敢于果断断尾；乌龟、刺猬等善于防御，使敌人束手无策。同样，我们人类也是如此，一个人要想不被社会淘汰，并活得有声有色，就要具有他人所不具有的一技之长，使自己成为那个无法被替代的人。

小泽征尔是世界著名音乐指挥家。一次，他去欧洲参加世界优秀指挥家大赛，在前三名的决赛中，他被安排在最后一个参赛，评委交给他一张乐谱，让他按照乐谱进行指挥。小泽征尔以世界一流指挥家的风范，挥动着他手中的指挥棒，演奏出国际水平的优美乐章。就在小泽征尔指挥正起劲时，他发现乐曲中出现了不和谐音符。开始时，他认为是演奏者演奏错了，就指挥乐队们重奏，但仍然感觉不对劲。最后，他确定是乐谱出了问题。当小泽征尔对乐谱提出质疑时，作曲家及权威评委都声明乐谱本身没有问题。小泽征尔果断干脆地反驳道：“不，绝对是乐谱错了！”他话音刚落，席上评委们都站起来，以热烈掌声祝贺他大赛夺魁。

原来，这是评委们别有用心的“圈套”，以检验指挥家们是否具有在权威面前坚持自己的信心与勇气。前面两位指挥家虽然也对乐谱提出质疑，但最终却屈服于权威，而小泽征尔却因对自己的判断充满自信，最终成功获得世界指挥家的称号。

自信是成功的第一秘诀。所谓自信，是指一个人对自己各种力的感性评估，即对自身力量及能力的确信，深信自己一定能够做成某件事，并实现自己所追求的目标。

居里夫人说：“我们应该有恒心，尤其要有自信！我们要相信自己的天赋是用来做某种事情的，无论付出的代价多大，这种事情必须做到。”所以，居里夫人成功了。然而在现实中，很多思维敏锐、才能出众的人，并未能充分地发挥自我特长。这并不是因为他能力不行，而是因为他们缺少自信。所以，一个人要想成功，不仅需要具有出众的才干，更需要足够的自信心。这是我们做自己的重要资本。

成功做自己，还需要你具备与梦想死磕的决心与耐心。成功虽不是一蹴而就，但也并不是永无终点。其关键就在于，一个人是否能够坚持到底。

Chapter 3

无须讨好世界，且让自己欢喜

Zhebeizi
Henduan
Buyao
Weibieren
Erhuo

1. 与其讨好众人，不如取悦自己

记者问美国著名演员比尔·寇斯比：“你的成功秘诀是什么？”比尔·寇斯比说：“我不知道成功的秘诀，不过我可以确定失败的秘诀，就是想要取悦所有的人。人生中有的人之所以失败，并不是因为他无能，而是因为他想取悦所有的人，结果一事无成。”

环顾四周，我们到处可见那些处心积虑讨好别人的人，他们妄图让所有人喜欢自己。这些喜欢讨好众人的人，一般有以下几种行为特征：对他人亲切和善，非常好说话，凡事有求必应，总是想方设法帮助别人，毫不利己专门利人，从不对别人说一个“不”字。具有这些性格特征的人，从表面上看特别完美，但实际上问题多多。

在这里，我们不妨看一看《父子骑驴》的故事。

有对父子牵着一头驴子进城去，路上的人看了嘲笑说：“哪有人这么笨，有驴子还不骑！”父亲听了，就叫儿子骑上驴子。

父子二人往前走了一段，又听到路人批评：“看看这个儿子真不懂得孝顺，居然自己骑驴，让他老子在下面走路！”儿子跳下来，让父亲骑上去。

他们才没走多久，又有人讥讽说：“看这个家伙自己骑在驴子上，却让年幼的儿子在下面走，真狠心啊！”于是，父亲叫儿子一起骑上驴子。

随后他们又听见有人说：“这对父子真残忍，可怜的驴子快被他们压垮了！”这对父子只好下来，决定一起抬着驴子走。

这个啼笑皆非的故事告诉我们：一个人不能存心讨好他人，因为讨好任何人都是死路一条。如果你想讨好任何人，就等于任何人都讨好不了，不但得不到他人的认可，最后反而完全没有了自我。

从心理学角度来说，一个人一心想讨好别人，源自于他内心自我价值的缺失。《不再当好人》（*No More Mr. Nice Guy*）一书的作者克里斯托夫·托马斯·嘉德乐指出，几乎所有的好人在自己的意识或下意识中都有类似于这样的一个想法：“如果我把自己的缺点隐藏起来，变成别人希望我成为的那个样子，那么别人就会肯定我，觉得我好，也会敬重我，重视我。这样，我的生活就有了意义，有了价值，我也就找到了幸福。其实，这种幸福感或自我意识的满足完全依附于他人对我的看法，自己一点儿都不能把握它，所以实际上毫无幸福可言。”

另外，过分取悦他人更可能会让你付出高昂的代价，譬如活在失败的恐惧中，充满自卑、失去自我、时常自我责备，对人际关系缺乏安全感，无力抉择、疲于追求完美，感觉被孤立，等等。如果长此以往会无限恶性循环下去，生理和心理都会受到不同程度的负面影响。

纵观整个人类发展史，那些能在历史长河里被我们所熟知的人物，基本上都是个性鲜明、拥有自我魅力的人。曾有记者问美国著名演员比尔·寇斯比："你的成功秘诀是什么？"比尔·寇斯比说："我不知道成功的秘诀，不过我可以确定失败的秘诀，就是想要取悦所有的人。人生中有的人之所以失败，并不是因为他无能，而是因为他想取悦所有的人，结果一事无成。"

《伍尔夫读书随笔》中有这样一句话：一个人一旦有了自我，也就有了独立人格，而一旦有了独立人格，也就不再浑浑噩噩，虚度年华。换言之，他一生都会有一种适度的充实感和幸福感。其实，我们每一个人都好比一盘菜，这盘菜有自己独特的色、香、味。可以肯定的是，这盘菜绝对不可能得到所有人的喜爱。如果有的话，中国也不会经过几千年的沉淀和发展形成鲁、川、粤、闽、苏、浙、湘、徽八大菜系。存在即合理，因为社会允许各有千秋。正是因为这八大菜系没有融会贯通发展成一道能被 56 个民族同时喜爱的菜，才能坚持并发扬了自己独有的特色。当一道东坡肉被端上餐桌时，大家都能说出它属于浙菜。故而，与一味媚俗讨好别人的人相比，坚持自我本色更加难能可贵。

所以说，与其讨好别人，不如取悦自己。正所谓，学会爱自己，才能收获别人的爱。

2. 他人即过客，你不用对每个过客负责

一个人要想把自己的人生活得更出色、更精彩，就要做一个不解释、不证明的人。为理解你的人而活，对于那些不理解你的人，不必负责、不必解释。一切的一切，时间自会给予你公平的结论。

人生就是一场旅行，每个人都是时光的过客，正所谓“天地者万物之逆旅，光阴者百代之过客”。生命短暂无常，只有死亡才是真实的归宿和家园。所以，当我们活着的时候就要加倍珍惜，要活出自己的精彩。

每个人都是自己生命的主角，别人无论多重要，都将是匆匆过客。既然他人即过客，我们只需要活出本色，没必要对每一个过客负责，更不需要向他人证明什么、解释什么。

有人或许会问，如果“在自己的生命中让他人当主角”会有什么后果呢?

下面让我们看一则故事：托比从雅典去叙拉古游学，在经过卡塔尼山时，他发现山上有一只老虎。进城后，托比把自己在山上遇到老虎的事讲给人听，但是没有一个城里人相信他，因为从来没有人在卡塔尼山见过老虎。

为证明自己没撒谎，托比说：“我就带你们上山去看看，当你们亲眼见到老虎，就应该相信我了吧。”于是，柏拉图的几个学生跟托比一起上山，任凭他们找遍山上的每一个角落，却连老

虎的毫毛都没看到。托比对天发誓：“我确实在这棵树下见到了老虎。”跟他一同山上的人说：“也许当时你的眼睛被魔鬼迷惑了。你以后就不要再说见到老虎的事了，不然城里的人都会说，叙拉古来了一个撒谎者。”“我怎么会是撒谎者呢？我的确见到过老虎。”

在接下来的日子里，托比为证明自己看见老虎的事实，他逢人就说：“我没有撒谎，我确实看见老虎了。”最后人们不仅见他就躲，而且背后都叫他疯子。

托比来叙拉古游学的目的，是想让自己成为一个有学问的人，现在却成为众人眼中的撒谎者和疯子，这实在让他无法接受。为证明自己确实见到了老虎，托比到达叙拉古第十天，买了一支枪，独自一人来到卡塔尼山。他一定要找到那只老虎，亲手把老虎打死，然后向全城人证明自己没撒谎。

可是，托比这一去就再也没回来。三天之后，有人在山上发现一堆破碎的衣服和一只脚。经法官验证，此人就是托比，而这只把托比吃掉的老虎，其体重至少在五百磅以上。

这则故事让世人明白一个道理，世界上的很多不幸，都是在向他人证明自己的过程中发生的。很多人为了向别人证明自己不顾一切，最终不仅把自己搞的狼狈不堪，甚至陷入生死险境。其实，这些急于证明自己的人，正是在寻找那只吃掉自己的老虎。他们时刻关心自己的声誉，为别人的看法、眼光所困扰。可以说，他们对别人十分负责。可是，他们却因此丧失了自我，对自己的生命没有尽到责任。

人活在世上，难免要承担各种责任。小到赡养父母、教育子女、忠于配偶，大到忠于祖国、忠于社会。不过，我们除了要对他人负责之外，更重要的是要对自己的人生负责。要知道，每个人只有活一次的机会，如果你把这唯一一次的人生虚度了、荒废了，或者活着活着迷失了，那就是对自己生命的不负责。从某种意义上来说，其他的很多责任都可以分担或者转让，唯独对自己的责任，他人无法替代，只有你自己来独自承担。所以，一个人要想把自己的人生活得更出色、更精彩，就要做一个不解释、不证明的人。为理解你的人而活，对于那些不理解你的人，不必负责、不必解释。一切的一切，时间自会给予你公平的结论。

著名画家梵高在世时，世人都称他是疯子、神经病。身边的朋友也都嘲笑他的“画家梦”，认为他是异想天开的白痴，并以各种手段捉弄他、侮辱他。为发泄自己心中的愤怒，他割下了自己的耳朵。但他并没有因为众人的不理解，放弃自己追求艺术的梦想。相反，他更执着于自己的创作风格，并用他手中的笔创作出独具个人特色的画作。他曾经向世人留下誓言：“一百年后的人们，会认识到我的价值。”的确如此，如今梵高的画作流传世界，每一幅画作都流露出梵高独特的气质。

伟大艺术家尚不能被众人理解，更何况芸芸众生中的普通之人？当你不被周围的人理解时，是否放慢了前行的脚步？是否开始放弃对梦想的执着？其实，我们要看淡这一切，并不是每一个行为都能被接受，也并不是每一种思想都能被理解。当你认定自己人生的方向后，只需要对自己的人生负责，不必对他人的看法负责，他们的理解不理解，这与你有何干呢？

每个人的人生，都是四处透风的墙，承受着来自四面八方的嘲笑及挖苦。他人的点赞，只能给你增添几块看似华丽的补丁而已，并不能从根本上改变你衣衫褴褛的模样。而一个真正的勇者，会用自信来打造一套刀枪不入的盔甲，然后在属于自己的王国中做真正的英雄，岂会在乎他人是点赞还是拍砖！

3. 任性地活出自己，活出无可替代的价值

一个人要想活得与众不同，就一定要明白，人的价值与付出的劳动量无关，而和他自身的“不可替代性”有关。当一个人的不可替代性越高，他的重要性就越大，那么他的社会地位就越高，其创造的价值也就越高。

世界上的很多事物都是独一无二的，每一种事物都有它自己的专属。比如茶，每种茶都具有属于它的季节——花茶属于春天，绿茶属于夏天，青茶属于秋天，红茶属于冬天。再比如蚂蚁，在庞大的蚂蚁团队中，总有几只蚂蚁举足轻重、无可替代。

在成群结队的蚂蚁中，绝大多数的蚂蚁都非常勤劳，它们不是在搬运食物，就是在寻找食物的路上。然而，在众多蚂蚁中有为数极少的几只蚂蚁，它们总是在左顾右盼，根本不具有其他蚂蚁们吃苦耐劳的精神。

为什么这些懒惰的蚂蚁能够在蚁族中生存呢？为弄明白这个问题，生物学家做了这样一个实验：研究者在懒蚂蚁的身上做了标记，切断了蚂蚁们所有的食物来源，并且还毁掉了蚂蚁们的居所，然后观察结果。

随后，意想不到的事情发生了。生物学家们发现，面对突如其来的问题，那些勤劳的蚂蚁们束手无策、不知所措，而那些懒

惰的蚂蚁则挺身而出，它们带领众蚂蚁向早已侦查好的食物源前进。当生物学家将这些身上做有标记的懒蚂蚁拿走，剩下的蚂蚁们手忙脚乱，不知道自己要干什么，直到将懒蚂蚁放回队伍中，整个蚁群才恢复原本忙碌有序的工作状态。

通过这个实验，生物学家们得出的结论是：懒蚂蚁虽然不出力劳作，但它们却具有不可替代的地位。它们不慌不忙，机智应对，用智谋使整个蚁群安全脱险。

每当说到“无可替代”，我们听到最多的话就是“努力、努力、再努力”。在提升自我的过程中，努力固然重要，但我们却要推翻“努力万能论”的谎言，关键在于能否发现自己在某个领域的“相对优势”，爆发自己的小宇宙，充分施展自己的能量。

美国有一位工程师，他每次维修机器的出场费高达 1 万美元。有一次，他被邀请到某个工厂维修机器，他敲敲这儿，摸摸那儿，最后在机器的某个部位画了一条直线，然后对维修工人说：“问题就在这里。”工人按照工程师的吩咐，将那个部位的零件拆卸下来，一会儿的工夫，机器就恢复了正常运转。随后，厂里如约付给他 1 万美元。工人们看到后满心里都是羡慕嫉妒恨，酸酸地说：“你这条线可真够贵呀，只需要简单的一笔，1 万美元就到手了。”工程师笑道：“这条线的价值只是 1 美元而已，而知道把线画在哪里，其价值是 9999 美元。”知道把线画在哪里，这正是工程师与众不同的地方，同时也是他不可被替代的根本所在。

要想任性地活出自己，我们需要打造自己的不可替代性。我们这里所说的不可替代，是指一个人的能力不可替代，而不是指某个岗位的不可替代。可能有人会说："我是保护军火的，我是银行押运钞票的，我的岗位非常重要，为什么我的收入却很低?"这种重要只能说明你工作的岗位重要，并不代表你本身重要。当你的位置换了张三、李四，照样也能够站岗放哨。反之，这种工作只有你一个人能胜任，其他人都做不了，那么你这个人就具有独一无二的价值，你本身也就具有了不可替代的重要性。

某银行柜台工作人员，她每天工作的时间不短，付出的辛劳也很多，但月收入却只有2000多元，还不如银行中推销理财产品的营销人员，与银行厂长的收入更是没的比。为此，她想不通："都是付出每天的时间来工作，凭什么我的收入远不如他们?"

你再看看摆摊的小商贩或站在高墙上做危险工作的建筑工人，他们每天起早贪黑，但他们每天的收入也只能解决基本的温饱问题而已。为什么会出现这种情况？因为在马路上的100个人中，有80%的人能够胜任小商贩或建筑工人的职位，他们的能力具有极大的可替代性，自然他们的重要性不高，收入也颇低。可是，在马路上的100个人中，有几个人能够胜任建筑工程师的职位？也许只有一两个人能够替代他。所以，工程师每天只需拿着图纸在工地上晃悠几圈，指指点点，每个月的工资却是建筑工人的4~5倍。为什么？因为工程师有知识、懂技术，自然可替代性就低。再比如银行行长，也许在1000个人甚至10000个人中才能找到一个能够替代他的人，说明他的可替代性更低，自然报酬就更高。

总之，一个人要想活得与众不同，就一定要明白，人的价值与付出的劳动量无关，而和他自身的"不可替代性"有关。当一个人的不可替代性越高，他的重要性就越大，那么他的社会地位就越高，其创造的价值也就越高。此时，他便可以任性地活着，活出他人无可替代的姿态。

4. 让自己活得随心所欲，不必理会别人的大道理

当我们在人生的道路上听了很多大道理的时候，却发现，这所谓的“道理”不但不能为我们指点迷津，反而使我们在错误的道路走得越来越远，最终迷失了自己。所以，一个人要想活出生命的精彩，就要敢于打破条条框框，即不被所谓的大道理误导。

翻看微信，看到朋友微信上写了这样一句话：“当你每天睁开眼，你会选择做自己喜欢的事情，还是选择做应该做的事情?”仔细想了几秒钟，我感觉自己还是会选择应该做的事情。虽然每个人的内心都有一种随心所欲的想法，但是在各种条条框框及人生道理的约束限制下，我们每个人都习惯了按部就班的生活。难道这样就能生活更好吗?

读书时，中学课本上有一篇文章叫《活在套子里的人》。如今自己长大了，开始有了独立的生活，这时才体会到生活的各种滋味。感觉自己甚至身边的很多人都是生活在套子里的人，不敢尝试新鲜事物，甚至不敢有自己的观点或看法。比如，在我们小的时候，总是被父母安排读什么样的学校，吃什么食物，穿什么衣服。现在我们成人了，虽然有权利选择吃什么、穿什么，但却

又被套入社会这个更大的套子里，虽然在行动上获得较多的自由，但我们的思想却受到多种限制，被太多的大道理和他人的经验之谈束缚，变得更加畏首畏尾。

在印度，曾有这样的情景：一个小小的柱子上，一截细细的链子竟然能牢牢地拴住一头千斤重的大象，而另一头小象却是用一条很粗的链子拴着。小象虽然被铁链控制了四肢，但它使出浑身的力量想挣脱链子的牵制，去争取不远处的食物。尽管小象的脚被链子磨破，流出了血，但它仍在不停地努力逃脱束缚。而那只堪称庞然大物的大象，挣脱链子是轻而易举的事情，但它却永远跨不出这一步。因为，在它还是小象的时候，驯象人就用一条极粗的铁链子将它绑在水泥柱或钢柱上，小象无法挣脱，慢慢地就习惯了，后来就不再挣扎，现在的它虽然能够轻而易举地逃脱链子的束缚，但它却失去了挣扎的思想。对于大象的这种思想及行为上的变化，驯象人解释说："大象之所以不会逃脱，是因为我锁住了它的灵魂。"

这个故事告诉我们，当一个人的思想被束缚之后，他的灵魂就已经适应了安逸，从此开始变得随波逐流，并最终丧失了主动思考、主动行动的力量。这正如一位哲学家所说："被困难禁锢的人是痛苦的，被感情禁锢的人是愚钝的，被思想禁锢的人是可悲可怜的。"其实，禁锢本身并不可怕，可怕的是当一个人的思想被一种无形的枷锁禁锢时，这个人就会对所有的人、所有的事听之任之、麻木不仁。

韩寒曾说："听说过很多大道理，却依然过不好这一生。"其根本原因在于，很多道理都是别人的看法、别人的思想，也许这些道理适合某个人，甚至让他成功了，但这些道理未必适合你。比如，有些人崇拜某个明星，不仅在穿衣打扮上刻意模仿明星，甚至连名字也改的一模一样。这所有的行为都是一个脑残粉丝的愚蠢表现，他们早已在别人的道理中迷失了自己。所以，一个人要想生活得更好，就要做到不盲从、不崇拜，即使听了很多大道理，依然要活得随心所欲。

小时候的我很爱问为什么，很多稀奇古怪的问题令大人们头痛不堪。有一次，我问母亲：“树叶是什么颜色的？”当时母亲正在忙，不耐烦地告诉我：“春天、夏天时的叶子是绿色的，等到了秋天，叶子就变成了黄色的。”我牢牢记住了母亲的话。

后来，老师在课堂上问：“小朋友们，树叶是什么颜色的？”我第一个站起来回答：“叶子在春天、夏天是绿色的，在秋天时是黄色的。”我刚说完，有个小朋友就立马站出来反驳道：“枫叶在秋天是红色的。”我与那个小朋友极力争论，最终的结果自然是我输了。从此，我知道树叶不仅有绿色、黄色，而且也有红色的。

此事给我的童年留下了深刻的印象。也正是这件事，让我真正明白，不要一味地去相信他人所谓的大道理，这些道理也许在某个范围内是正确的，但它未必适合世界上所有的人。所以，我们要让自己做一个有主见的人，不要因为他人所谓的大道理，而轻易改变自己内心原本坚定而美好的想法。

在这个人云亦云、随波逐流的社会，你有没有问过自己：“这就是我想要的生活吗？我做的每一件事都是我的意愿所为吗？”也许有人会说：“身边的每个人都这样生活，我也只能这样了，不然就被归为‘异类’。”的确，我们身边的大部分人都在过着大同小异的生活，但这不意味着我们必须这样虚度自己的一生。

那么，那些成功者呢？他们与众人有什么不同呢？他们与普通人最大的不同就是，他们不甘心活在别人的道理中，更不会被社会上的条条框框所束缚。他们始终使自己处于“独立思考”的状态，并敢于在人群中随心所欲地做自己认为正确的事情。

当我们在人生的道路上听了很多大道理的时候，却会蓦然发现，这所谓的“道理”不但不能为我们指点迷津，反而使我们在错误的道路走得越来越远，最终迷失了自己。所以，一个人要想活出生命的精彩，就要敢于打破条条框框，既不被所谓的大道理误导，也不要让他人的思想绑架了自己的人生。

5. 允许自己犯傻、犯错、任性地做自己喜欢的事儿

如果你不够成熟、不够稳重，说明你犯的错太少，吃的苦也太少；而一个人比你成熟得快，则说明他比你犯的错多，也比你吃的苦多，因此他比你成长得更快。所以，每个人都要给自己犯傻、犯错的机会，并允许自己任性地尝试自己喜欢的事情。

记得小时候，每当做一些出格的事情，就会有长辈跳出来教训说：“你是不是傻了，竟然会犯这样的错误？”的确，人人都喜欢被赞美，所以每个人都希望自己做正确的事情，而不是总犯这样或那样的错误。其实，我们完全不必为犯错的事而担心，因为犯错是人生中不可避免的。如果你总是有意识地防止自己犯错，此刻你正在进行犯错。

关于犯错，英国著名作家莎士比亚说：“最好的好人，都是犯

过错误的过来人。一个人往往因为有一点小小的缺点，将来会变得更好。”另外，法国著名作家雨果也说：“尽可能少犯错误，这是人的准则；不犯错误，那是天使的梦想。尘世上的一切都是免不了错误的，错误犹如一种地心吸力。”所以，在现实生活中，我们要允许自己犯傻、犯错，允许自己任性地做自己喜欢的事。

犯错是人生常态，即使你是一个完美主义者，即使你处处小心谨慎，也不能保证自己一辈子都不犯错。一个人刚出生来到世上时，大脑是一张白纸，单纯、天真，根本就不知道什么是对、什么是错。然后，我们在犯错、改错的过程中，逐渐成长、成熟起来。

在这里，我们不妨来看一则两兄弟成长的故事。

有两个兄弟，他们成长在加州一个幸福但并不算富有的家庭。他们的父亲是一位工程师，在一家与航天有关的私人公司工作，母亲是一位英语教师。父亲在一家公司工作了几十年，拥有稳定的收入、社会保险及各种福利，虽然工作辛苦，但却不像其他行业面临失业、降薪等压力。更重要的是，父亲很喜欢自己的工作，并能够从工作中获得无限乐趣。

这兄弟俩似乎都继承了父亲的某些特质，比如聪明好学，能够轻松学习数学、物理等学科。从职业方向上来看，工程师成了他们将来职业的模板，他们很适合像父亲一样做一个受人尊敬的工程师。

在就业时，哥哥杰夫子承父业，成了一名电气工程师。当时的电气工程师非常热门，杰夫过上了不错的生活。不过，在杰夫心中，既不讨厌自己的工作，也不喜欢自己的工作。工作只是谋生的手段，仅此而已。

弟弟丹没有按照父母的期待来选择职业。他虽然也获得了工程学学位，但讨厌工程师的工作。丹做事缺少常性，经常改变主意，而且不清楚自己的兴趣所在，这让父母甚是担忧。丹曾经幻想自己成为一名出色的厨师，对餐厅的流程运作非常着迷。但丹对美食本身不感兴趣。所以，在做厨师一段时间之后，丹决定换工作。此时，丹所拥有的是一个毫无用处的工程学位以及无用的厨师工作经验。可以说，丹的人生是错上加错。

几年之后，电气行业萧条，做工程师的杰夫失业了。在拿到解雇通知书之后，杰夫对自己的职业进行反思。以曾经的错误为鉴，杰夫申请了法律学校，成了一名专利律师。在律师职业中，他利用自己原来的理科背景，并与创新领域密切结合，成了一名出色的律师。而弟弟丹，在经历了一系列的职业波折之后，终于找到自己的“综合模式”，成为一名像工程师一样思考的餐饮业管理者。

上述兄弟俩的职业经历告诉我们，人既不是神，也不是圣，所以在漫长的人生之旅中，每个人都会犯错。这犹如我们走路时总会遇到绊脚石一样，当一个人被绊倒之后，会受伤、会疼痛，下次再从这里经过时，会想起曾经的痛，然后小心地绕过这块曾使自己跌倒的绊脚石。所以说，犯错是一种成长，一个人只有在犯错后才会修正，一个人只有在犯错后才会总结各种宝贵的经验。自古以来，因为犯错而促进社会进步的事例比比皆是。比如，正因为尼克松犯了“偏离美国既定政策”的错误，于是叩响了中美关系的大门。

人非圣贤，孰能无过？在人生的道路上，一个人犯错并不可怕，可怕的是一个人总是在逃避，不给自己犯错的机会。从某一程度上来说，一个人成就的大小，与他犯错误的次数密切相关。越成功的人，他经历的错误往往就会越多，他们改正错误的次数也会越多。而每一次改正错误的过程，正是他们提高及自我完善的过程。

如果你不够成熟、不够稳重，说明你犯的错太少，吃的苦也太少；而一个人比你成熟得快，则说明他比你犯的错多，也比你吃的苦多，因此他比你成长得更快。所以，每个人都要给自己犯傻、犯错的机会，并允许自己任性地尝试自己喜欢的事情。只有这样，我们才能够在犯错中不断成长、逐渐成熟。

6. 人生苦短，别跟自己过不去

人生短暂，过分较真，过分执着于外在，过分跟自己过不去，都是用他人的所谓成功标准来强迫自己，实际上，这正是对自己精神上的迫害。人人都应该追随自己的内心，去过自己喜欢的生活。

人生像是一场梦，充满了对明天的美好向往；人生又像是一场探险，需要趟过一条条河，爬过一座座山。人生就是这样，有坦途也有坎坷，有欢乐也有悲伤，变幻莫测，让走在路上的我们捉摸不透。所以，面对人生路上遭遇的一切，我们要拿出一颗豁达的心，该过去的就让它过去，该放下的就放下，别跟自己过不去。唯有如此，我们才能尽享短暂的人生，而不是被痛苦所束缚。

放过自己，不跟自己过不去，最好的秘诀就是两个字——放下。放下，是一种人生必备的大智慧。关于放下，佛教有这样一个故事：

相传，有一个婆罗门双手各拿一枝花到释迦牟尼佛前敬献，没想到佛陀竟大声对婆罗门呵斥：“放下！”婆罗门无奈，只好听从指教，将左手拿的花放下了。但是，佛陀紧接着又呵斥一句：“放下！”于是，婆罗门只好将右手拿的花也放下了。然而，出乎婆罗门意料的是，佛陀继续说了一句：“放下！”

听到这里，婆罗门开始感到无所适从，因为他手里的花都已经丢弃了啊。于是，他向释迦牟尼佛提出自己的疑问：“我已两手空空，没什么东西可放下了，为何还要我放下？”

佛陀听了他的话解释说：“我的本意并不是让你放下手中的花，而是让你放下六根、六尘和六识。只有当你将这些都放下时，才能从生死轮回中解脱出来。”

这个佛教故事告诉我们，所谓“放下”，不是放下手上的东西，而是放下心中的负赘。人生在世，很多人的心已经被各种欲望、贪念搞的超负荷了。带着这样一颗沉重的心上路，怎么能不处处跟自己纠结呢，又怎么能发现这一路的美好风景呢？

人生有很多小聪明，而大智慧只有一个，那就是别跟自己过不去。“放下包袱，轻装上阵。”人生有所追求、有所期待是一件好事，但一定要让自己轻装上阵，否则不但痛苦，还可能会毁掉自己的梦。

关于别跟自己过不去，其实人人都明白，但遗憾的是，当人们走进世俗生活，就把这些道理抛之脑后，继续“我行我素”了。就像下面这个故事里的猴子：

东南亚有一种捕捉猴子的方法：找一只木箱，然后将一些美味的水果放在里面，箱子上开一个小洞，这个洞的大小刚好够猴子的手伸进去，但当猴子伸进手去抓住水果后，手就抽不出来，要想让手出来，必须把手中的水果放下。

面对这样一个箱子，面对里面诱人的水果，大多数的猴子都没有选择放下水果离开，而是紧紧攥着一个自己得不到的东西。最后，当猎人来的时候，看见猴子仍在徒劳无功地跟自己较劲，于是毫不费力地就把猴子捉住了。

我们有时候也正像是这故事里的猴子，对于得不到的东西，不是放手离去，而是执迷不悟，跟自己过不去。在我们的现实生活中，有些极端的人，为了金钱竟然去抢劫，甚至害人性命，结果当然是害人又害己。这种做法难道不是跟猴子一样的吗？

人们一贯的想法是，得到越多越富有。但是，因《瓦尔登湖》一书而享誉世界的美国著名作家梭罗却说：“人越是有许多事能够放得下时，他就越富有。”他这里说的是，你放下的物质东西越多，你的精神世界就越富有。不过，现在的世界正好相反，人们正拼命地去拥有更多的金钱、荣誉、美色等，具体表现为房子、车子、手机、智能设备等，但拥有的越多，烦恼也越多，并没有找到满足的感觉。

人生短暂，过分较真，过分执着于外在，过分跟自己过不去，都是用他人的所谓成功标准来强迫自己，实际上，这正是对自己精神上的迫害。人人都应该追随自己的内心，去过自己喜欢的生活。看淡身外之物，跟自己的内心和解，是一种智慧，更是一种幸福。

人没必要跟自己过不去，放下一切，活出洒脱的自己才是最美的人生。

Chapter 4

无须看别人的眼神，只需走好自己的路

Zhebeizi
Henduan
Buyao
Weibieren
Erhuo

1. 让我们退缩的不是失败的刺痛，而是他人的期望

我们很容易将他人的期待当成自己内心的愿望，并将过多的精力浪费在满足他人的期待上。所以，一个人要想守住“本我”，就不要太在乎他人，无论世俗的风如何吹，都一定要跟随内心的声音行走。

每一个人的成长，都背负着无数人的期待。读书时，父母期待你读某所学校，学某个专业，于是你选择了父母所期待的学校和专业；走入社会，站在不同角度的亲人、朋友、同事们对你有着不同的期待，你也需要一一满足。也正是在这诸多的期待中，你失去了曾经勇往直前的勇气，开始变得胆怯、茫然、不知所措。

其实，真正令我们退缩的并不是失败的刺痛，而是他人的期待。活在众人的期待中，我们最担心的事情就是令身边的人失望。为满足众人的期待，我们开始在意他人的赞美及肯定，从而

忽视了自己内心的声音。为追求那些被社会普遍认可的东西，我们耗费了太多的心力，并在满足他人的过程中迷失了自己。最终，我们将自己塑造成了那个看上去是“我”，而不是“真我”的人。

薛飞是北京某重点大学的研究生，按照他的兴趣爱好和专业方向来说，去教育机构做讲师比较适合。然而，最近几年教师的就业已接近饱和状态，他应聘了很多个培训机构都未被录取。实在找不到合适的工作，他只好选择去一家很小的私企打工。

有一次高中同学小张与他聊天，问道：“以你重点大学研究生的资历，如果去老家县城的中学教书，肯定会被器重。几年工作下来，完全可以成为学校里的教学骨干，甚至被提升为学校的管理层也很有可能。这样一来，无论是在待遇上，还是在社会地位上，都比现在的工作更有前途。”薛飞听后摇头说：“在小城市过一种安逸、舒适的生活，这是我梦寐以求的事情，但是我开弓没有回头箭呀。想当年，我考上研究生的时候，父亲设宴款待全村的父老乡亲，他们亲自把我送到村头，希望我能够在北京扎根。现在我如果回老家县城教书，不光自己脸上没光，全家人的脸也挂不住。所以，为了父母对我的期待，我再苦再累都要留在北京。”

我们究竟要成为自己想成为的人，还是要成为别人期待自己成为的人？当我们在做选择的时候，总是被别人的期待或眼光左右，却忽视了自己内心真正的想法。甚至，我们把满足他人的期待当成了人生最大的快乐，为此我们放弃了自己期待的人生。而一个人要想活出真我的模样，过自己真正想要的生活，就不要一味在意别人的眼光和期待，而要学会用“心”来活，过自己内心所向往的日子。

在某次朋友聚会中，小李遇到一位金融专业的才女。她虽然学的是需要用理性分析的经济学，但她却喜欢文学、编剧、诗歌等感性的东西。当时金融专业是热门专业，很多学中文、新闻等专业的人，都修了经济学和本专业的双学位，方便将来进入经济、金融行业，以获得更稳定、丰厚的收入。而这位才女一毕业，就去欧美国家深造，进修了被无数人不看好的编剧专业。当时，无论父母、老师，都劝她去找一份与专业有关的工作，比如去银行或金融公司上班，然后结婚生子，过一种稳定的生活。毕竟在大部分人眼中，编剧是一个朝不保夕甚至是“不务正业”的工作。当时不被看好的她，并没有因为不被理解而放弃，而是在自己喜欢的编剧行业刻苦钻研。现在的她不仅在编剧行业小有成就，并且成立了自己的文化公司，按照自己喜欢的方式愉快地生活着。

一个人只有按照内心的方式生活，才能感受到最深层次的快乐。然而，在众人的目光里，我们总是看不清自我的脸庞。法国精神分析学大师雅各·拉冈说：“你现在想得到的真的是你自己想要的吗?”的确，我们大部分人的生活并不是自己真正的意愿，而是外界强加给我们的。如果一个人的躯壳中装的是真实的自我，他就会朝着自己期望的方向行走；反之，如果一个人的躯壳中装的是虚假的自我，他就会把别人的期待当作人生的重心。

一个真实的自我包括多个组成元素，比如固有的感情、真实的个性、创作思维等。说起把真实自我发挥得淋漓尽致的人，乔布斯可谓是典型人物。乔布斯就读的斯坦福大学是众人梦寐以求的学校，但是在他就读 6 个月之后，突然有了退学的想法，跟随自己的内心，乔布斯中途退学。在创业过程中，乔布斯失败多次，但他始终专注于自己真正喜欢的计算机行业，并创立了自己的苹果电脑公司。在斯坦福大学的毕业典礼上，乔布斯说：“不要为过别人那样的生活耗费自己的时间，不要试图实现别人设定的目标，让别人的建议淹没自己的心声。最重要的是做真实的自己，有足够的勇气跟着自己的心和直觉走。”

中国有句老话说：“活在世界上，你需要闭上眼睛捂住鼻子。”尤其在这个靠所有感官来生活的社会，我们很容易将他人的期待当成自己内心的愿望，并将过多的精力浪费在满足他人的期待上。所以，一个人要想守住“本我”，就不要太在乎他人，无论世俗的风如何吹，都一定要跟随内心的声音行走。要知道，在这个世界上再没有什么比对“真实的自我”更值得你倾注心血的了。

2. 依附在别人的剧本里，你将永远找不到自己

为他人活还是为自己活，这是关乎命运的抉择。有的人总是打着为你好的幌子来任意控制你的生活，剥夺你独立思考、独立处事的权利，可这真的就是对你好吗？别人为我们草拟剧本，是为了让我们少走弯路，而这却恰恰剥夺了我们摔倒的权利，也让我们失去了自我生存以及活着的意义。

有些人天生好命，人人羡慕。他们的一生总是顺风顺水，上学有人帮找好重点学校，上班有人帮安排工作，恋爱有人帮安排

相亲，结婚父母包办一切……每件事都事先帮安排好了，只要照着做就好。就像演戏，编剧写好剧本，导演喊开始，你这个演员只要照着事先准备好的台词说就可以了。

羡慕归羡慕，但这种一眼看到尽头的人生你喜欢吗？你自己真的觉得幸福吗？一辈子波澜不惊，一辈子平平淡淡，从来不曾按照自己的意愿做过任何一件事，渐渐地在别人的剧本里迷失了自我，让自己活成别人想要的样子，而非自己想成为的样子。

事实上，这是一种人生悲剧。中国式教育培养我们从小就当乖孩子，听父母的话，按照父母给规划的未来去生活；大一些我们听老师的话，按照老师的教育考高分；后来我们工作了，听老板的话，按照老板的吩咐做事；再后来我们结婚了，家庭是我们的全部；有了孩子以后，孩子又变成了我们的全部。其中哪一天是我们自己想要的生活呢？

对演员来说，戏演错了可以重新开始，这个角色演完了还有那个角色等待你去体验。可是人生对于每个人来说只有一次，为什么不按照自己的想法来过活呢？那毕竟是你的人生啊！你有权利按照自己的想法来规划，而不是让别人替你拟好剧本。图省事，抑或是太懦弱，只会让自己后悔一生。

易卜生的话剧《玩偶之家》曾被比作“妇女解放运动的宣言书”。在这个宣言书里，娜拉终于觉悟到自己在家庭中的玩偶地位，她已看清，丈夫关心的只是他的地位和名誉，所谓“爱”、“关心”，只是拿她当玩偶。于是她断然出走了，并向丈夫严正地宣称：“首先我是一个人，跟你一样的人，至少我要学做一个人。”她终于觉醒过来了，认识到自己婚前不过是父亲的玩偶，婚后不过是丈夫的玩偶，从来就没有独立的人格。现在，她离家出走，真正为自己的人生活一次。

娜拉只是一个例子，不仅在十九世纪的资本主义国家里有这样的“玩偶”，我们的身边还有很多像娜拉一样的男男女女们被他人掌控着自己的命运，按照他人规划好的剧本上演着属于自己的人生，既矛盾又胆小，彷徨着迷失自我，找不到前进的方向。某一天为你规划未来的人不在了，或者他的剧本进行不下去了，你又该如何过活呢？一味地顺从、退让，只会把自己逼进绝境，让自己处于危险之中。

为他人活还是为自己活，这是关乎命运的抉择。有的人总是打着为你好的幌子来任意控制你的生活，剥夺你独立思考、独立处事的权利，可这真的就是对你好吗？别人为我们草拟剧本，是为了让我们少走弯路，而这却恰恰剥夺了我们摔倒的权利，也让我们失去了自我生存以及活着的意义。

现在，撕掉别人为你写的剧本吧，你的人生由自己做主。生活没有剧本，上帝也不会按部就班，生命中的每个意外、每段插曲、每次遭遇都是给你的考验，只有经受住了生命的考验，人生才能完美，活着才算精彩。

3. 每个人都很忙，没人会在意你是出彩还是出丑

20 岁的时候，总会顾虑旁人对自己的看法；40 岁的时候，早已不理会别人对自己的想法；60 岁的时候，发现别人根本就没有注意过自己。

很多人总是一厢情愿地认为，自己的一举一动都在别人的注视之下，所以他们的人生无时无刻不在活给别人看。他们期待别人给他掌声，更怕别人给自己嘲笑。然而，果真如此吗？

哲学家叔本华曾说：“一切的真理，都需要经历这样三个阶段，才能够为世人接受。第一阶段，觉得可笑而不加理会；第二阶段，视其为邪说而强烈抗拒；第三阶段，未加思索就欣然接受。”由此可见，人类接受真理的过程向来都不是一帆风顺的，它需要被众人怀疑、否定，在经历各种艰辛磨难之后才被众人接受。所以，一个人要想主宰自己的人生，做真正的自己，就不要太在乎他人的观点以及他人对自己的看法，而要学会在自己的想法与他人的观点之间做出准确的判断。反之，如果我们过于在意别人眼中的自己，那就只能活在他人的观念中，使自己做起事情来思前想后、畏畏缩缩，最终乱了方寸，丢了自己。

美国小说家马克·吐温在世时，有一位年轻作家初来纽约。马克·吐温请这位作家来家里吃饭，同时也请了诸多其他的朋友，且被邀请的朋友大都是当地的达官显贵。在宴会即将开始时，那位年轻作家情绪紧张，身体不由地发起抖来。马克·吐温关心地问道：“你哪里不舒服，要不要去房间休息片刻？”年轻作家说：“我怕得要死。在宴会开始时，这些赴宴的朋友肯定要让我发言，可是我实在不知道自己应该说些什么。一想到我将要在众人面前丢脸，我就感觉心神不宁。”见如此状况，马克·吐温安慰年轻作家说：“我只想告诉你，你真不应该为此事如此惊慌失措，他们或许会请你发言，但这只是一种普通的交流而已，他们并不指望你发表什么惊天动地的言论。”

在这个世界上，几乎每个人都渴望拥有大显身手、一展才华的机会，然而一旦机会真的降临，他们又会因为过度紧张使自己惊慌失措、不知所云。其实，我们没必要太在意自己在他人眼中的模样，只管做好自己就足够了。要知道，我们周围的每一个人都很忙，他们为生活而忙、为前途而忙、为名利而忙，他们没有多余的精力来评论你的是非对错，更没有时间来观看你究竟是出丑还是出彩。

生活中，很多人因为太在意自己的感觉，总是把自己搞得神经兮兮。比如，有的人在走路时不小心摔了一跤，惹得过路人捧腹大笑。此时，摔跤者在疼痛之余，会认为全天下的人都看到了自己的丑相，真是太丢脸了。甚至很多天过去，摔跤者仍羞愧得不敢出门，总担心被某个路人看出自己就是那个曾经出丑的人。难道我们在他人心目中的分量真的如此之重吗？其实是我们自己太抬举自己了。如果能够换位思考一下则会发现，我们只不过是别人眼中的路人甲或路人乙，你的某一次摔跤只不过是他们生活中一个极小的插曲而已，他们在一阵捧腹大笑之后，早已把这件事抛到九霄云外，更不会记得那个当众出丑的人就是你。只有当事人自己仍在那里耿耿于怀，羞愧难当。

记得初中时读过契诃夫一篇名为《小公务员之死》的短篇小说，小说中的主人翁切尔维亚科夫是一位过于敏感的人，因为在戏院中不小心打了个喷嚏，总感觉自己冒犯了坐在前排的卜里斯哈洛夫将军。切尔维亚科夫担心自己的行为会引起将军的记过，然后开始用各种形式向将军道歉，在一次又一次的道歉中，卜里斯哈洛夫将军从原本的不在意直至最后的愤怒。此时，主人翁切尔维亚科夫越发猜疑将军对自己有不好的看法，极端地往坏处想，最终令自己在郁郁寡欢中以死亡收场。

很多人的最大的弱点就是，太看重别人的看法和反应，并为此顾虑重重，将本来挺简单的事情变得复杂化。故事中主人翁切尔维亚科夫的行为，看起来也许过于极端，但在我们身边也不乏像他这样的人。有这样一段话："20岁的时候，总会顾虑旁人对自己的看法；40岁的时候，早已不理会别人对自己的想法；60岁的时候，发现别人根本就没有注意过自己。"很多时候，我们以为这个世界上有很多眼睛紧盯着自己不放，有很多人在对自己指手画脚。其实，并没有太多人在意你的存在，只是你太在意自己的感觉而已。

在匆匆走过的人生中，你我都只是他人视线中不经意掠过的风景，没有太多的出彩，也没有太多的出丑。更多的时候，别人对我们只是稍有印象或毫无印象而已。所以，我们不要去在意他人的眼光，更不要去听他们嘴中关于我们的好或者是坏。努力做好自己，成就自己，这样你反而更能吸引他们艳羡的目光。

4. 别让别人的看法，挡住了你的光芒

我们最大的敌人不是别人，而是自己，要学着战胜自己，超越自己。别人的看法并不重要，重要的是你自己能不能肯定自己，给自己一个明确的目标。

"趁你还不需要翻来覆去考虑又考虑，趁你还不知道为什么叹气，趁你还没学会装模作样证明你自己，你想什么什么就是你……"这首《趁你还年轻》的歌，唱出了青春的好处，也告

诉我们不要太在意别人的看法，那样只会束缚住你想飞的翅膀。别害怕，别回头，别让别人的看法挡住了你的光芒。趁你还年轻的时候，要闯出自己的一片天地。

纵观芸芸众生，有多少人因为顾虑别人的看法而毁掉了自己的人生。人活在世，艰难无比，因为只要你独特优秀，就会有人不信任你，会质疑你的行为、你的梦想、你的目标，会不断地打击你，让你站在阴霾之中。如果你缺乏主见，久而久之，自己也开始怀疑自己，最后放弃最初的梦想，变成平凡得不能再平凡的平庸之辈。

那么，如何对待别人的看法呢？

关于这个问题，唐代天台山隐僧寒山与拾得有一段玄妙的对谈：

寒山问："世间有人谤我、欺我、辱我、笑我、轻我、贱我、恶我、骗我，该如何处之？"

拾得答："只需忍他、让他、由他、避他、耐他、敬他、不要理他，再待几年，你且看他。"

别人如何对待你是他们的自由，但这些都与你的梦想无关。明代文学家冯梦龙在《警世通言》中写道："毁誉从来不可听，是非终究自分明。"我们有时候把荣辱看得很重要，被夸赞便信心倍增、昂首挺胸，开始骄傲自大；一旦被人否定了，便像霜打的茄子，灰心丧气，自暴自弃。这样都是不成熟的表现。人应该面对一切褒贬都泰然处之，最后好坏自然见分晓，安心按自己的路走就好，做好自己最重要。

从心理学角度讲，过于在意别人评价的人，乐于当别人手中的提线木偶，任人摆弄。别人的言论操控他的喜怒哀乐，这是缺乏自信的表现，不敢去自我肯定，时刻需要他人的点评，看别人的脸色做事，这是很可悲的。人应该清楚自己的优缺点，不该因为别人的批评而妄自菲薄，也不应该因为别人的夸赞而盲目自大，对自己要有清醒的认识。

不管这个世界如何看你，你只需做最好的自己。下面让我们看一个真实的故事：

J. K. 罗琳成天不停地写呀写，有时为了省钱省电，她甚至待在咖啡馆里写上一天。就这样，第一本《哈利·波特》诞生了。然而，罗琳向出版社推荐这本书的时候，却遭到了一次又一次的拒绝，没有谁对这本写给孩子的奇幻书感兴趣。可罗琳并不气馁，直到英国学者出版社出版了第一本《哈利·波特》，创下了出版界的奇迹，被译成 35 种语言在 115 个国家和地区发行，引起了全世界的轰动。人们才看到了这位集离婚少妇、单亲妈妈、业余作家为一身的坚强女人，看到了她的成功。

罗琳成功了，可又有多少人知道，她成功的背后承担了多少否定与不认同？在她最艰难的时候，她告诉自己不要管别人的想法，坚持自己认为对的，坚持自己的梦想，一定就会成功。事实证明，她的坚持是对的。人一旦找到了自己的方向，认清了自己的前路就要勇往直前，不要害怕路上的荆棘险阻，只有这样才能到达理想的彼岸。

我们最大的敌人不是别人，而是自己，要学着战胜自己，超越自己。别人的看法并不重要，重要的是你自己能不能肯定自己，给自己一个明确的目标。凡事不受外界干扰，富有主见，就算犯了错误、付出一些代价也是值得的，最起码我们独立完成了一件事。

当我们有了一些奇特的想法，做了一些别人没有尝试过的事情，要抵住外界的异样目光和质疑时，如果没有坚定的意志和勇往直前的精神，无论如何是不会成功的。总之，不要过于在意别人对你的看法，不要让别人的身影挡住了你的光芒。做你自己，不要放弃追寻梦想，并学着坚强一点。总有一天，你可以大声对自己说我可以。

5. 坚持做自己，世界的纷乱与你无关

这个世界的确浮躁纷乱，甚至有太多无形的牢笼将人们约束。但是人人心中都有一把钥匙，能够打开牢笼上的锁。每个人都期盼着能够功成名就，其中大部分人却在不经意间被这个世界主宰，他们忘记了心中的钥匙。

佛学认为："命由己造，相由心生，世间万物皆是化相。心不动，万物皆不动；心不变，万物皆不变。"人生在世，坚持心中所想，才得万般自在。现如今，快节奏的生活覆盖了整个世界，人们逐渐变得浮躁与不安，每天的新闻舆论将人们的心逐渐淹没，一点点的风吹草动就弄得人心惶惶。人们被流言飞语捆绑在一个阴森狭小的空间里，独留双耳，蒙蔽内心，整天因他人的言论一点一点将初心丢弃，最终成为行尸走肉一般的存在。

人非圣贤，孰能无过。每个人的成长都需经历千千万万的错误与失败，如果始终沉浸在他人的指指点点之中，将永远无法走出失败的泥潭。成功之路是崎岖不平的，途中充满他人的怀疑与

否定，只有历尽磨难才能闯出自己的路。正如爱迪生所说："伟大人物最明显的标志，就是他坚强的意志，不管环境变换到什么地步，它的初衷与希望仍不会有丝毫的改变，而终于克服困难，以达到预期的目的。"因此，不必讨好全世界，只需把对未来美好的憧憬存放于心中，无论世界如何纷乱，坚持做自己，不为他人而活着。

迈克出生在英国一个物理学之家，父母双方均是物理学界的知名学者。父母希望儿子将来能够成为物理学界的泰斗，于是在迈克很小的时候就向他灌输各种物理学知识。然而，令父母失望的是，小迈克对物理不感兴趣，反而对经商情有独钟。为学习经商，迈克每天夜里偷偷阅读商业及管理方面的书籍，到了如饥似渴的境地。

迈克的父母始终坚持自己的想法，成年后的迈克被他们安排在一所学校做物理老师。迈克自己心里清楚，物理老师绝不是自己的特长。迈克相信，凭借对经商的热爱以及对商业知识的掌握，足以使自己在商界做出一番成就。

几年后，迈克父母认为儿子在物理界获得成就的希望极其渺茫，于是放弃对迈克职业的要求，但也不给迈克提供任何从事商业的帮助。尽管如此，若干年后的迈克在商界积累了丰富经验，并最终成为英国屈指可数的地产大亨。当有人问迈克为什么能够在商界成功时，他说："做人最重要的就是了解自己，并始终坚持做真正的自己，这就是我成功的根本所在。"

这个世界上，有人适合做总统，有人适合做医生，也有人适合做司机。如果适合做司机的人把做医生定为自己的人生目标，或者适合做医生的人把做总统定为自己的人生目标，那只会令自己受尽挫折，痛苦不堪。而迈克却不偏不倚，他坚持的正是他擅长的，并没有因为父母的阻止而改变初衷，所以他最终能成为商界的佼佼者。

这个世界的确浮躁纷乱，甚至有太多无形的牢笼将人们约束。但是人人心中都有一把钥匙，能够打开牢笼上的锁。每个人都期盼着能够功成名就，其中大部分人却在不经意间被这个世界主宰，他们忘记了心中的钥匙，想方设法融入腐朽的牢笼，整日拘泥于他人的想法，甘于受其摆布。然而，世界这么大，每个人只是这个世界的一小部分，不必杞人忧天，只需做好自己的本分，听从内心的声音，足矣。

300 多年前，英国有一位名不见经传的建筑设计师克里斯长·莱伊恩承担了温泽市市政府大厅的设计任务。这位年轻的设计师巧妙地设计了只用一根柱子支撑大厅天花板的方案。经过施工，市政大厅交付验收。然而，众多权威人士却认为这项方案太过危险，要求莱伊恩再多加几根柱子。

莱伊恩坚信自己的设计，列举相关事例据理力争，最后却惹恼了市政官员，险些被送上法庭。最后，他请施工工人煞有介事地在大厅里增加了四根柱子，不过这四根柱子并没有和天花板接触，期间留下的缝隙，三百年来都未曾有人察觉，而大厅的天花板也没有出现任何险情。直到上个世纪九十年代末，市政府在修缮大厅天花板时，才发现柱子与天花板之间的狭小缝隙，而且在中央柱子的顶端刻有一行字：“自信和真理只需要一根柱子。”

即便周围都是反对之声，但是内心的声音才是最洪亮的。人们在追求真理的过程中，总是在他人的否定和怀疑中前行，世界纷乱，只有听从内心，才能成为自己的主宰。电影《重返 20 岁》中有一句台词："不要以后觉得可惜，不要老了以后后悔。"如果大半辈子都活在彷徨之中，想必暮年也是在悔恨中艰难度日。

我们每个人都是自己的领袖，别人的议论再多，也不及自己的一丝信念重要。一千个人眼中有一千个哈姆雷特，我们的存在并不是为了讨好任何人，更不是为了被这个世界支配。生活中的事都如同弹簧一般，"你强我就弱，你弱我就强"。而大多数人的错误就在于，为这个世界改变了太多，最终被欺压成为弱者。无论何时何地，让我们牢记——时间有限，请为自己而活，世界的纷乱与你无关。

6. 按照自己生命的轨迹运行

只要你坚持走自己的路，哪怕是缺陷和绝境，同样隐藏着最美好的风景。如果循迹别人的脚印，则往往误入歧途，失去自己的方向。邯郸学步的警示犹在耳边，不要因为羡慕他人而盲目模仿，甚至把原本属于自己的步伐都丢掉。

小时候，我常常听家长教育自己，别人家的孩子如何如何。不少网友笑言："我这辈子最大的竞争对手就是'别人家的孩子'。"虽然这是一种教育孩子的比对方式，但是其实生活中我们常常羡慕别人的生活，羡慕别人事业的成功，羡慕别人的家庭幸福，羡慕别人的运气大好……事实上，就像天体运行一般，我们每个人都有自己独特的轨迹。我们的人生应该由自己主宰，行走在自己选择的轨道上。

螃蟹横着走路，河虾倒着走路，引起了其他鱼类的嘲笑，说它们愚笨。可螃蟹和河虾只报以浅浅一笑，它们心里明白：只要把握好方向和目标，选择何种前进方式是要根据自身条件来决定的。

著名导演李安，曾经因为找不到与电影相关的工作，赋闲6年的时间。换作别人，可能会放弃电影事业，但是李安没有。他偶尔也帮人家拍拍小片子，看看器材，做点剪辑助理、剧务之类的杂事。还有一次去纽约东村一栋很大的空屋子去帮人守夜看器材。期间，他仔细研究了好莱坞电影的剧本结构和制作方式，试图将中国文化和美国文化有机地结合起来，创造一些全新的作品。

如果李安轻易就放弃自己的道路，投入其他行业，就不会有《饮食男女》、《卧虎藏龙》、《色·戒》和《少年派的奇幻漂流》等一系列惊艳的电影。正是经年的积累与研究、独特的经历才让他在东西方文化里游刃有余，兼具东方传统的温文尔雅和西式的洒脱不羁。

人生有千百条路可以走，只要按照自己的轨迹运行，每个人都会走出精彩的人生。鲁迅先生曾言："世上本没有路，走的人多了，也便成了路。"而如今时代不同了，处处充满白热化的竞争，于是更需要创新与创意，这句话被改为："世界上本来有路，走的人多了也就没了路。"前人成功的足迹并不一定属于你，你需要走出属于自己的路。

不要一味模仿，你的路要怎么走，要以什么姿势走，取决于自己而不是别人的目光。特立独行有时可能会招来不解甚至嘲笑，但时间会证明一切。按照自己的心意，走出不一样的人生之旅，阔步向前，开拓不一样的人生。

著名化学家道尔顿，小时候曾因把红看成绿被同伴嘲笑“绿眼猴”。他在圣诞节前夕买了一件礼物——一双“棕灰色”的袜子，送给妈妈。妈妈看到袜子后，感到袜子的颜色过于鲜艳，就对道尔顿说：“你买的这双樱桃红色的袜子，让我怎么穿呢?”道尔顿感到非常奇怪，袜子明明是棕灰色的，为什么妈妈说是樱桃红色的呢？疑惑不解的道尔顿又去问弟弟和周围的人，除了弟弟与自己的看法相同以外，被问的其他人都说袜子是樱桃红色的。

道尔顿的与众不同没有让他自卑，同学的嘲笑没有让他自弃。反而，他对这件小事没有轻易地放过，他经过认真的分析比较，作为不是生物学家和医学家的他却成了第一个发现色盲症的人。后来，人们为了纪念他，又把色盲症称为道尔顿症。

的确如此，只要你坚持走自己的路，哪怕是缺陷和绝境，同样隐藏着最美好的风景。如果循迹别人的脚印，则往往误入歧途，失去自己的方向。邯郸学步的警示犹在耳边，不要因为羡慕他人而盲目模仿，甚至把原本属于自己的步伐都丢掉。

世上道路千万条，条条大路通罗马。你只要把握好正确的目标和方向，勤勉而坚定地走自己的路，就能走出困境，走向光明。他人的质疑与环境的阻力都将化为你心中前行的动力，不惧飞语，不畏流言，带着一份执着，按照自己生命的轨迹运行，定能走出一条金光大道。

7. 做别人是魔，做自己成佛

做别人是魔，做自己是佛。一个人如果能够认识自己、实践自己、展示自己，那么他的人生即天堂。反之，如果一个人掩藏自己、模仿别人，那么他的人生即地狱。

有句经典的话叫“生活在别处”，仔细想想，确实如此，大多数人的人生都活在别人的世界里。在现实中，我们总会发现这样一种现象：“最华贵的衣衫总是在他人的衣柜里，最可口的饭菜总是在他人的餐桌上，最舒适的居室总是在他人的房子中。”为什么别人的东西总比自己的好呢？其原因就在于这些东西属于别人，而不属于自己，正如我们通常所说的“得不到的东西永远是最好的”。

法国存在主义哲学家萨特说：“他人即地狱。”这句话描述了人与人之间多个层面的矛盾及冲突。比如，人际交往中，当他人对你有偏见，如果你不能平和对待，双方的关系将会恶化，那么他人即地狱；其次，如果你不能正确对待他人对你的判断，一味追求他人对自己的赞美，必定使自己陷入痛苦情绪之中，此时他人亦是地狱；再如，如果一个人不能正确认识自己，不知道自己是谁，能够做什么，想拥有什么，而是一味地把别人作为自己行为的参照，将会使自己失去思想、灵魂。此时，他人就是更大的地狱。

曾读过这样一则寓言故事：有两只画眉，一只画眉自由自在地生活在树林里，另一只画眉在富人的鸟笼中养尊处优。有一天，两只画眉碰面，关在笼子里的画眉羡慕林中画眉的自由自在，而林中的画眉则羡慕笼中画眉的安逸舒适，于是它们这两只画眉决定交换生活方式。于是，笼中的画眉飞到树林中，而林中的画眉进入了装饰华贵的鸟笼，它们各自过上了自己向往的生活。然而没过多久，两只画眉都死掉了。走进鸟笼的画眉由于长时间被困在狭小的空间内，开始心情消沉，并郁郁而终。而另一只离开鸟笼飞到林中的画眉，由于不具备捕食的本领，最终因饥饿而死。

虽说这两只画眉的死因不同，但它们却犯了相同的错误：总认为别人碗中的食物好吃，最终丢掉了自己吃饭的饭碗。我们常说，他人的天堂有可能就是自己的坟墓，如果一个人不了解自己，只是一味地追求自己眼中的别人的幸福，那么我们就会被假象蛊惑，最终跌入死不复生的地狱之中。

当一个人来到这个世界，了解自己是人生的第一课，这将决定着你生活的层次、境界的高低。然而，在欲望冲脑的今天，又有多少人真正了解灵魂深处那个真实的“我”呢？很多人不了解真实的自己，总是在浑浑噩噩中度日，并在承受着“他人之狱”的煎熬之苦。只有那些了解自己，并活出真实自己的人，才是幸福快乐的。

在德国某个小镇，有一个街头卖艺的小丑，他总是很安分地唱歌、表演。这个小丑艺人的双手麻利灵巧，他只需轻松地一吹一拉，就能够把气球扭转成小狗、小兔、花朵等漂亮的形状。如果他把气球做成狗、兔子等动物的形状，就会送给调皮可爱的男孩，如果他做出的是漂亮的花朵，就会送给那些安静、爱美的小女孩。就这样，小丑艺人像美丽的蝴蝶那样每天穿梭在人群中，他用自己的歌声、表演为街上的路人带来了快乐。当他表演结束，就会把自己的帽子摘下来，此时会有不少人向他的帽子投币，以回报他给众人带来的快乐。也许这个靠卖艺为生的小丑生活并不富足，甚至在某些人看来是生活的失败者。但他在 20 岁时就立志扮演小丑，至今他已经在街头表演 18 年了。他不仅对自己现在的工作很满意，而且打算把这份工作做到老死。他是一个小丑，也愿自己永远做一个快乐的小丑。

从这个角度上来说，小丑的人生是成功的，也是快乐的，因为他的人生活出了真实的自己，并不是活在他人的影子里。

著名诗人顾城说："一个彻底诚实的人，是从来不面对选择的，那条路永远会清楚无二地呈现在你面前，这和你的憧憬无关。就像你是一棵苹果树，你憧憬结出桔子，但你还是诚实地结出了苹果。"假如你是一棵苹果树，那就顺应天赋，不遗余力地结出又甜又大的苹果。假如你是一棵桔子树，你就应该结出更多甘甜美味的桔子。反之，如果苹果树总是憧憬自己结出桔子，而桔子树总是幻想结出苹果，那么它们就会违背天性，陷入自我扭曲的痛苦之中。

有没有见过鱼儿游得太累，鸟儿飞得太倦，花儿开得太疲惫？的确，鱼儿不会因为游泳而累，鸟儿不会因为飞翔而倦，花儿也不会因为盛开而疲惫，因为它们都是在做真实的自己。只要做真实的自己，你的灵魂就永远不会感到累。

所以，做别人是魔，做自己是佛。一个人如果能够认识自己、实践自己、展示自己，那么他的人生即天堂。反之，如果一个人掩藏自己、模仿别人，那么他的人生即地狱。

那么，你的人生是选择天堂还是地狱呢？

Chapter 5

躺着也中枪——谁人背后不说人，谁人背后无人说

Zhebeizi
Henduan
Buyao
Weibieren
Erhuo

1. 他人的嘴道不明你该走的路

那些总是在你背后指指点点的人，说明他们一直行走在你的后面，根本跟不上你思维的步伐，更读不懂你内心真实的想法，他们又如何能够道明你该走的路呢？所以，请不要在乎那些在你背后说三道四、指指点点的人，你只管走好自己脚下的路就好，做自己真正想成为的那个自己。

每个人都在别人的指指点点中长大。韩寒说：“在赛车之前，遇到的是不解和嘲笑，但我现在是七届全国总冠军；在游泳之前，遇到的是支持和吹捧，但我现在依然游不好。别人的眼光不重要，你把事情做成什么样子才重要。”

是的，我们需要别人的指点，但不需要别人的指指点点。“指点”与“指指点点”从字面上来看虽差别不大，但其意义却相去甚远。“指点”是指有经验的前辈们对后辈们的指导、提拔，属善意的帮助。而“指指点点”则指对他人的品头论足、指手画脚。古往今来，凡是追求进步的人，都希望得到高人指点，但每个人都不希望有人在自己行走的道路上指指点点。

虽然很多人痛恨他人对自己指指点点，但却又不自觉地活在他人的目光中。在现实中，很多人生活在他人的目光中，走在别人嘴里的路上，因为别人的肯定或否定而或喜或悲。这样的人失去了自己抉择生活的权利，把自己的人生都交给了别人，注定找不到属于自己的路。

有多少家长望子成龙、望女成凤，拼命地给孩子规划自己想象中的理想轨迹。然而，这样的路途却未必是他们所期待的。有时候过分的期待和限制，反而引发孩子极度的逆反心理而造成悲剧。伟大的诗人纪伯伦曾在诗中写道：

你的孩子，都不是你的孩子，

他们是渴望生命自身的儿女，

他们经由你而来到世上，而不是从你而来。

尽管他们与你在一起，但不属于你，

给予你的爱，但不是你的思想，

因为他们有自己的思想

……

不仅孩子，成人更是如此。每个人的思想都是不同的，要走的路自然不同。父母尚且不应左右孩子，我们有什么理由要活在别人的看法中呢？韩寒导演的电影《后会无期》中的台词说得非常好："他人的嘴都道不明你该走的路，符合自己内心的愿望比活成他人想要的形状更重要。"韩寒正是以这样的心态走一条属于自己的路。

1999 年，正读高一的韩寒以《杯中窥人》一文获得首届全国新概念作文比赛一等奖，后因期末考试七科不及格而留级。2000 年，发表的首部小说《三重门》是反映上海初三学生生活的，一举成名。该书累计发行 200 万册，是中国近 20 年销量最大的文学作品之一。在留级后，再次挂科七门，并于 4 月 4 日在高一退学。退学前，在松江二中老师们面前，韩寒被问起：“你退学了，以后要拿什么养活自己?”“稿费啊!”韩寒说。他的回答引来一片笑声。2010 年，韩寒登上美国《时代周刊》封面。2014 年 7 月导演的《后会无期》在中国内地上映。如今，那些嘲笑韩寒的老师们想见他一面都难。

当年的叛逆少年终于长成了自己想要的样子，从万千质疑的目光中任性前行。他的人生从未有刻意的规划和经营，只是按照自己的想法去活。或许当初那一片笑声在别人看来是嘲笑或是不解，但在韩寒听来或许和窗外的风声没有什么两样。他始终坚持走自己的路，并且走得一路辉煌。

每个人都有迷茫的时刻，这时候需要静一静、想一想。我们可以适当地听取他人的意见，但不要一味地盲从。就像《没那么简单》中唱的一样：“感觉快乐就忙东忙西，感觉累了就放空自己，别人说的话随便听一听，自己做决定。”

其实，我们每个人的内心都在勾勒着未来与希望，都在描绘着一条独属自己的那条道路。如果我们对他人的目光或语言过于在意，反而会被他人牵着鼻子走，使你越走离自己越远，越走离梦想越远。

那些总是在你背后指指点点的人，说明他们一直行走在你的后面，根本跟不上你思维的步伐，更读不懂你内心真实的想法，他们又如何能够道明你该走的路呢？所以，请不要在乎那些在你背后说三道四、指指点点的人，你只管走好自己脚下的路就好，做自己真正想成为的那个自己。

每个人都是独一无二的存在，没有人能完全复制他人的生活，也不存在人生路上的导师。每个人都无法对另一个人的经历，真正做到感同身受，所以，不要在意别人的说法，勇敢地活出真实的自我。记住，他人的嘴道不明你该走的路。

2. 在别人的嘲笑声中，很多人倒下了

自信的人永远不怕别人的嘲笑。在勇者面前，嘲笑永远是虚弱无力的。也许，别人的嘲笑会让你感觉难受，甚至疼痛，但同时也让你更加全面地认识自己。

有人说，人生在世，无非是笑笑别人，被别人笑笑。这句话虽然说的过于偏激，但从另一个侧面，反映出在社会上嘲笑无处不在。每个人都可能是嘲笑的施予者，也都可能是嘲笑的承受者。嘲笑是一种无形的东西，但它的力量却十分可怕。尤其是被别人嘲笑的时候，它向我们传递的信息是：别人瞧不起我！于是，在这种被瞧不起的煎熬与折磨中，很多人倒下，并最终毁掉了自己的人生。

在这里，我们不妨听一则“在嘲笑中死掉的鸭子”的寓言故事：

有一只小鸭，很长时间没有找到食物吃，十分饥饿，决定到湖里捕几条鱼吃。一条肥美的鱼在湖水中出现。这时，小鸭猛然

扎进水中，它狼狈的样子令同伴们大笑不已。在湖边路过的人，看到这一场景，也嘲笑小鸭的丑态。

可怕的嘲笑声在耳边萦绕不散，小鸭感觉十分难堪。从此，它再也不敢去湖里觅食，身体渐渐变得虚弱起来。不久，这只被嘲笑的小鸭便死在满是鱼儿的湖中。

小鸭蠢得不可思议，但我们身边确实有很多人与这只鸭子相似。他们也曾经有自己的梦想，也曾经为自己的梦想奋斗过。然而，当他们在失败后遭受到别人的嘲笑与讽刺时，就开始退缩，并最终放弃梦想，成为一个碌碌无为的平庸者。

的确，嘲笑的声音无孔不入，他如魔鬼一般潜伏在我们身边，一旦发现我们失败了，便会发出令人恐慌之声。然而，对于那些勇敢而智慧的人来说，在他们成长的道路上，也免不了被嘲笑，但他们却能够从嘲笑中嗅到一种不同的味道。所以他们不仅没在嘲笑中倒下，反而从嘲笑中获得了力量，并最终令那些不可一世的嘲笑灰飞烟灭。

曾记得读过这样一个故事：有个少数民族大学生的汉语说得很不标准，但他却狂热地爱上了诗歌，并说自己要写一本诗集。有个同学听到他的想法，刻薄地说："就你现在的汉语水平，写诗集要等到猴年马月了！"他不解地问："猴年马月是什么意思？"这个同学解释说："猴年马月，就是指一个专门发生不可能的事情的日子。"

毕业多年之后，这个同学突然收到一件包裹，里面有一本诗集，另外还有一封信。信的落款是当年想出诗集的少数民族学生的名字。信中写道："谢谢你对我的鼓励。我终于在猴年马月出版了自己的第一本诗集。这么多年来，我一直记得你对我的鼓励，你曾经告诉我，猴年马月是专门发生不可能的事情的月份，是一个可以令奇迹出现的日子……”

英国哲学家托马斯·布朗说：“当你嘲笑别人的缺陷时，却不知道这些缺陷也正在你的内心嘲笑着你自己。”是的，我们不难发现，那些总喜欢嘲笑别人的人，他们的一生往往是毫无建树；反而那些曾经被嘲笑的人，却顽强地绽放出自己绚丽的生命之花。

现实生活中，也许我们曾经以那些轻蔑、讽刺的话伤害过一颗颗真诚而炽热的心。然而，也正是这些有意或者无意的伤害，令很多看似不可能的事情奇迹般地发生了。古今中外，很多举世闻名的大人物，他们也曾经是在他人的嘲笑声中获得成功的。

达尼埃尔·谢赫特曼是以色列著名的科学家。由于谢赫特曼总喜欢用与众不同的眼光来审视世界上的一切，因此在生活和工作中总是与他人磕磕绊绊，甚至有人嘲笑他是个疯子。

1982 年，谢赫特曼在美国霍普金斯大学从事研究工作。有一日，他正在实验室里用电子显微镜观察铝锰合金，却意外发现了一种特殊的固体物质。谢赫特曼兴奋不已，并为此固体命名为“准晶体”。

谢赫特曼把自己的新发现告诉同事们，不但没有得到分享的喜悦，反而遭到同事的冷嘲热讽。因为，在传统理论中，固体物质只有两种存在形式，要么是晶体，要么是非晶体，根本不可能出现谢赫特曼所谓的“准晶体”。

谢赫特曼千方百计想让同事们接受“准晶体”存在的事实，但没有人听他解释，甚至怕他是精神不正常的疯子。更令人意想不到的是，谢赫特曼竟然被要求离开霍普金斯大学的研究小组。

1984年，谢赫特曼、布勒希两个人与美国科学家约翰·卡恩、法国晶体学家丹尼斯·格拉蒂亚斯共同撰写了有关“准晶体”的论文。经过不懈努力，才算在一家小刊物上发表了这篇文章。论文发表后，一些学术权威开始站出来质疑谢赫特曼的新发现，美国化学家莱纳斯·波林曾在新闻发布会上嘲讽道：“谢赫特曼是在胡言乱语，在这个世界上并不存在‘准晶体’，只有一些不靠谱的‘准科学家’。”甚至有不少大学教授把谢赫特曼当作反面教材来教育学生要尊重科学，不要做不学无术的“伪科学家”。

不过，时间是检验真理最有力的武器。谢赫特曼的“准晶体”理论在经受了将近30年的嘲笑后，终于得到全世界权威科学家的一致认可。谢赫特曼也因此成为2011年诺贝尔化学奖得主，一人独享1000万瑞典克朗（大约146万美元）的奖金。

当有人问及谢赫特曼当初被嘲笑、被否定的感受时，他淡然地说：“当我告诉人们，我发现了准晶体的时候，所有人都嘲笑我。但我并不在意，我知道我是对的，他们是错的，时间终于证明了这一点。”

自信的人永远不怕别人的嘲笑。在勇者面前，嘲笑永远是虚弱无力的。也许，别人的嘲笑会让你感觉难受，甚至疼痛，但同时也让你更加全面地认识自己。

当有人向你泼冷水、嘲笑、讽刺时，请不要生气，不要反唇相讥，更不要沮丧、绝望，而要感谢那些曾经嘲笑你的人。因为，正是由于他们的挑剔、提醒，才使你不断完善自己，从而产生直奔成功的动力。

3. 每一阵批评的风，都会把我们吹得不知去向

越有人批评越证明他们在关注你，你就越成为众人眼中的明星。你完全没必要把别人的批评当成自己人生的阻力，聪明人要将它当作人生前进的推手。

一位西方哲学家说：“人最容易迷失的地方不是莽莽丛林，而是喧嚣人海。”人海之中的我们，人人都会有自己的想法，差异不可避免，于是争执、批评也不可避免。在这种情况下，我们若是太在意别人的批评，而没有自己的主见，就很容易会迷失自己。就像是风中的落叶，追逐着每一阵风的方向，却找不到自己的位置。

下面这个故事里的主人公，就在众人的批评中迷失了自己。

有一个叫柯尔的年轻人，生在书画世家，家里的每个人都懂得绘画。柯尔也很想成为一个画家，不断为此努力着。

一天，柯尔画完一张画，请爸爸来看，爸爸看完说：“哦，你的线条太僵硬了！”于是，柯尔按照爸爸的意见做了修改。这时候，妈妈又看到了柯尔的画，并对他说：“孩子，太过飘忽的东西是没有人爱看的！”于是，柯尔又采纳了妈妈的意见，再次做了修改。可是，当哥哥看到柯尔的画作，惊讶地说：“上帝啊，这是什么？难道是一块木头吗？”无奈的柯尔，再一次按照哥哥的意见做出了修改。

最后，姐姐看了柯尔的画，露出一种不可思议的表情，说

道："天哪，这简直是被染料弄脏的一张纸。"于是，柯尔彻底茫然了，怀疑自己是否应该在绘画领域努力下去。

这个故事里的柯尔，被来自他人的批评"吹"得晕头转向，完全没有了自己的主见。可以想象，如果继续这样下去，柯尔是很难成为一个画家的，因为每个画家都必须有自己的风格，特别是大师级别的画家，风格是其成为大师的关键因素。我国著名画家齐白石，在晚年名声大震，正是因为他闭关修炼、大胆突破，开创出真正属于自己的绘画风格。

人生道路上，对于别人的批评，我们要学会辩证地看。有哪些是需要参考和借鉴的，有哪些是需要果断说不的，一定要有自己的判断，对于不该听的，要学会当"聋人"。关于如何对待批评，我们可以向余华先生学习。

余华是中国当代著名作家，关于他的赞美很多，但批评自然也不在少数。曾有记者问他："读者的批评你会关注吗？会不会影响心情？"余华这样回答："我会关注读者的批评，但不是现在，是以后。等我冷静下来，我会认真看看读者的批评，那时候冷静的批评也会多起来。《兄弟》当年出版时，人人以骂《兄弟》为荣。其实《活着》和《许三观卖血记》出版时也有很大争议，只是那时的争议局限在文学界，那时也没有网络。《兄弟》出版的时候媒体关注文学了，也关注我了，而且有网络了，所以争议被放大。现在有微博了，争议更加放大。无论是赞扬还是批评，我都心存感激，没有他们的关注，我不会有今天。如果有一天没人关注我了（包括骂声），那就意味着我被遗忘了。"

确实如此，越有人批评越证明他们在关注你，你就越成为众人眼中的明星。你完全没必要把别人的批评当成自己人生的阻力，聪明人要将它当作人生前进的推手。

其实，在现实生活中，面对各种“流言飞语”，各种别人自以为的“真知灼见”，我们也要学会“装聋作哑”，特别是当我们认准了自己的人生目标时，千万不要去介意别人怎样评说，而是要义无反顾地为自己的目标坚持到底。

正所谓“谁人背后不说人，谁人背后无人说”，批评是别人的自由，听与不听则是自己的选择。一个人若是选择活在别人的唾沫里，注定是又累又痛苦，且最终难以成事。道理很简单，连自己的想法都没有了，又怎么能攻坚克难抵达目标呢？相反，一个人只有坚持自己的看法，才能抵达自己的目标，活出自己的人生。

4. 不要因为别人飞短流长的冷言而乱了自己的心神

行走在人群中，我们总是感觉有无数穿心掠肺的目光，有很多飞短流长的冷言，最终乱了心神，渐渐被缚于自己编织的一团乱麻中。其实你是活给自己看的，没有多少人能够把你留在心上。

很多人都会说“走自己的路，让别人去说吧”这句话，但当面对外界流言，很少有人能够无动于衷，甚至在飞短流长中淹没了自己，乱了心神，乱了本该属于自己的节奏。其实流言飞语不会伤人，只有自己才能伤到自己。

世上本无事，庸人自扰之。正所谓“死要面子活受罪”，太过在意别人的流言势必会委屈自己，凭空给自己带来痛苦和烦恼，严重者甚至会造成人生的悲剧。

民国著名女演员阮玲玉，就是因为流言而结束了自己的生命。阮玲玉端庄大方，清丽脱俗。对待表演艺术，她勤奋刻苦，倾注了全部的热情。表演中，她能够准确地体味人物的情感，捕捉到人物感觉，并用适当的眼神、表情、动作准确地表现出来。25 岁的她已成为当年绝对的影后，没人可以与其竞争。但是，就是在这样最好的年华，她却以自杀的形式结束自己的生命，遗书只有“人言可畏”四个字。

原来，当时的闲人舆论以及街头小报以她的婚姻讼案大做文章，不少内容存在虚假捏造甚至恶意中伤的情况，而阮玲玉不堪受辱，一代红颜就此香消玉殒。

人言固然可畏，但最终起关键作用的是你的心态。虽然古语云“众口铄金，积毁销骨”，但依然有“浊者自浊，清者自清”的说法。随着网络的发展，言论变得越来越自由，有多少流言不胫而走。但是，仔细想来又有多少人真正了解另外一个人的经历、感受和想法呢？别人的话又有多少参考价值呢？所谓的金玉良言尚且不适应每个人，更何况是诋毁你的流言飞语呢？

著名主持人白岩松说：“有时候，我们活得很累，并非生活过于刻薄，而是我们太容易被外界的氛围所感染，被他人的情绪所左右。”行走在人群中，我们总是感觉有无数穿心掠肺的目光，有很多飞短流长的冷言，最终乱了心神，渐渐被缚于自己编织的一团乱麻中。其实你是活给自己看的，没有多少人能够把你留在心上。

明星汤唯，凭借实力考进中戏导演系，刚人学就做了职业模特；大学期间，还学了表演、播音、美术，获得了羽毛球国家二级运动员资格；演过电视剧、话剧，做过话剧编导；拿过很多奖。但当电影《色戒》播出被封杀后，这些经历几乎没有人再提及，反而是搏出位、花瓶、过火表演等各种贬义词汇的代表。冷静的汤唯没有被流言飞语所伤，反而选择出国留学一段时间。

在英国，为了不坐吃山空，她做过“街头艺人”和羽毛球陪练。她乐观积极，知道自己的特长和方向。正是在裹着桌布改造的“时装”在街边表演行为艺术时，引来了韦恩斯坦兄弟电影公司总裁 Bey Logan 的喝彩。凭借专业的 T 台经验，2008 年的“伦敦时装设计周”上，汤唯成了固定合作伙伴加雷的“御用模特”……

有人因为别人的流言飞语而黯然神伤，而有人却不惧流言保持自己的步伐，甚至走得更有力。尼采说：“凡是不能将我毁灭的必使我强大。”

嘴巴长在别人身上，而心绪的调整在于自己。有些人习惯信口开河，有些人喜欢人云亦云，我们管不了那么多，我们只管好自己的心，让心淡定自然。我们要明白，如果让他人的飞短流长伤了自己才是最不值得的。有句话叫“身正不怕影子歪”，走好自己的路，掌控自己的情绪，不要因为别人飞短流长的冷言而乱了自己的心神。

5. 不断控诉哀怨，只会让你成为无所作为的倒霉蛋

人生路上，痛苦就是那么多，你越紧盯着它不放，你就会越痛苦；相反，你越是不把它当作一回事儿，反而可以轻易地跨过去，开始新的生活。那么，是在抱怨中让自己变得越来越倒霉，还是在不抱怨中创造全新的生活呢？

在我们的生活中，充斥着各种各样的抱怨，抱怨贫穷，抱怨工作，抱怨各种的不公平、不合理等。从来没有抱怨过的人，很少很少。可是，抱怨到底有什么意义呢？是会改变我们不满意的生活现状，还是让生活变得更糟？

我们常说“思想决定行为”，但行为往往对思想也起着反作用。音乐和舞蹈能让人感到放松和愉悦，噪音和哀怨则会让心情越来越糟糕。不断的哀怨和控诉会占用太多时间和精力，让人陷入疲惫和不满的泥淖，形成一个无限的恶性循环。这样的做法，于环境来说毫无改变，却反倒让自己变得越来越消沉，最终为环境所抛弃，变成彻底的倒霉蛋。

下面这个故事里的驴子和马，正好为我们回答了这个问题。

在唐朝的时候，有人开了一间磨坊，同时买回来一头驴和一匹马，并把它们关在一个黑乎乎的小磨坊里，不停地干活儿。面对这种遭遇，驴子彻底绝望了，它想，自己的余生注定要在这里度过了。于是，它不断发出刺耳的叫声，表达自己的哀怨。主人是个暴脾气，每当听到驴子的叫声，就会拿着鞭子进来对它一顿

猛抽。主人的态度让驴子更加绝望，没过多久，它就变得骨瘦如柴了。

马虽然和驴子干一样的活儿，但从不抱怨，因为它一直在想着自己驰骋千里的梦想。它把劳作当作锻炼，该吃就吃，该睡就睡，随着日子一天天过去，更加强壮了。

机会终于来了，唐王朝为强大军队，彰显国威，开始搜罗天下好马，而磨坊里的这匹马，因为膘肥体壮被前来的将军一眼看中，从此，马儿离开了黑磨坊，走上了训练场，最终走向了战场，帮助将军立下了赫赫战功。

这个小故事告诉我们，面对不满意的生活现状，抱怨非但不能改变生活，还可能让生活变得更加糟糕。在一项调查中，有超过一半的人表示抱怨是为了发泄心中苦闷，但“有意思”的是，当我们向别人抱怨的时候，往往也会引起对方的抱怨，结果就是我们吸收了更多的负能量。可见，在抱怨中，问题没有得到解决，还平添了更多烦恼，当真是得不偿失。相反，只有直面人生，并时刻努力，时刻准备抓住改变命运的机会，才能真正改写自己的命运。

我们必须认识到，抱怨是一种可怕的慢性毒药，看上去只是嘴巴说说，实际已经侵入到我们的思维，进而渗入到我们的态度行为当中，一个被抱怨这种慢性毒药“占领”的人，还能有什么作为呢?

其实，没有一帆风顺的生活，更没有一蹴而就的事业，人人都会遭遇这样或那样的不如意，但因为每个人的承受力不同，结果也不同。来看下面这个故事：

在印度，有一个师傅，对于徒弟每天不停的抱怨感到很是无奈，于是决定给他上一课。师傅把徒弟叫来，说："你去取一些盐来！"徒弟有些不情愿，但还是去取来了。接着，师傅让徒弟把盐倒进水杯里，并喝下去。

徒弟照做了，师傅问："味道怎么样？"徒弟一副痛苦的表情，说："很苦！"

师傅笑了笑，叫徒弟带上同量的盐和自己去河边。到了河边后，师傅让徒弟把盐撒进河水里，然后对徒弟说："你去喝点河水！"

徒弟喝了一口，师傅问："有什么味道？"

"很清凉。"

"尝到咸味了吗？"

"没有。"

这时候，徒弟有些茫然了，他不知道师傅到底要说什么。师傅转过身来，意味深长地对徒弟说："人生的苦痛如同这些盐一样，有一定数量，我们承受痛苦的容积的大小决定痛苦的程度。所以当你感到痛苦的时候，就把你的承受的容积放大些，把一杯水变成一条河。"

多么富有哲理的一个故事！这就告诉我们，虽然每个人的生活中都有烦恼和痛苦，可是，每个人的心就好比是承受烦恼和痛苦的容器，面对同样的烦恼和痛苦，心胸开阔的人和心胸狭窄的人相比，真正感受到的烦恼和痛苦是截然不同的。打个比方来说，一滴水落在小水坑里，溅起的是大大的"水花"，一滴水落在大海里，却好像什么都没发生一样。如果我们选择做一片大海，还惧怕什么烦恼和痛苦呢？

可以说，人生路上，痛苦就是那么多，你越紧盯着它不放，你就会越痛苦；相反，你越是不把它当作一回事儿，反而可以轻易地跨过去，开始新的生活。那么，是在抱怨中让自己变得越来越倒霉，还是在不抱怨中创造全新的生活呢？选择怎样的人生态度，也注定要承受相应的结果。

其实，做人应该像一棵树，不管有多大的风雨，一直要努力向上，而不是在风雨中自怜和感叹，不是吗？

6. 你无法让别人“闭嘴”，那就让自己“闭耳”

嘴巴是别人的，人生却是你自己的，切不要在乎别人的议论，更不要被他人的舌头压死。如果一个人的一生总是被他人的嘴巴左右，在他人的评论中患得患失，那么一个人一生的精力将会耗在应付他人的言论上，以至于没有多余的力量来为自己的理想奋斗。

一只在水中吐泡泡的鱼问乌龟：“为什么你一遇到事就躲，总把头缩进壳中？”乌龟慢悠悠地伸展四肢说：“别人的评论重要吗？这不叫逃避，只是为自己寻找一个安全的环境而已。”鱼说：“可是，被别人骂你也不在乎吗？难道你一点都不生气吗？”乌龟看了鱼一眼，慢慢转身说：“这就是为什么我活得比你久的原因!”

在当今透明度极高的社会，我们的一举一动、一言一行，都在他人的视线之内。于是，越来越多的人过于在意周遭，开始活在他人的嘴巴与眼光中，从而迷失了自己的心路。这种人，在做每件事之前都会考虑：“假如我这么做，领导会怎么看我？同事会怎么议论我？朋友会不会取笑我？家人会不会反对我？”就这样，在别人的评价与议论中，有时愤怒，有时犹豫，有时茫然，最终在无所适从中失去了人生的方向。

从前，有一群猎人到山上打猎，其中一个猎人不小心掉进很深的坑洞里。他的双脚和右手都摔断了，只剩下一只左手可以活动。

坑洞不仅深，而且狭窄陡峭，上面的人无法帮到他，只能在上面喊叫。幸运的是，坑洞的壁上长有一些荒草，猎人就用左臂撑住洞壁，用嘴巴咬住荒草，一点一点向上攀爬。就这样，他每向上爬一步，上面的人都为他呐喊加油。当他爬到一定的高度时，上面的人看到他在用嘴巴咬草攀爬，众人纷纷议论起来：

“哎，他的手和脚都受伤了，爬上来是很难的。”

“他真够倒霉的，手和脚都摔断了。”

“如果他真的死在里面，留下的家业谁来继承呀？”

“如果他就这样去了，可就苦了他的母亲和妻子了！”

……

洞中的猎人实在忍无可忍，张嘴大喊道：“你们都给我闭嘴！”

在他张口说话的一瞬间，他又一次被摔落洞底。在他奄奄一息、即将死去时，他听到上面的人异口同声地说：“我就说嘛，用嘴向上爬，这是绝对不可能成功的事情。”

在现实生活中，我们也有可能像这位不幸的猎人，不小心跌落漆黑、陡峭的坑洞里。此时，不但没有人伸手拉你一把，反而是议论纷纷。在这生死关头，你会不会像这个可怜、可悲的猎人，为发泄内心一时的愤怒，而不惜错过求生的希望呢？而一个真正智慧的人，他们不会去在意他人对自己的议论或评价。当无法让别人“闭嘴”时，他们会选择让自己“闭耳”，然后意志坚强地往上攀爬。

有人的地方就会有嘴，有嘴的地方就会有议论与是非。不过，嘴巴是别人的，人生却是你自己的，切不要在乎别人的议论，更不要被他人的舌头压死。如果一个人的一生总是被他人的嘴巴左右，在他人的评论中患得患失，那么一个人一生的精力将会耗在应付他人的言论上，以至于没有多余的力量来为自己的理想奋斗。

曾有一个“聋子青蛙”的故事，令人感触颇深。故事的大意是：

有一群青蛙进行比赛，其比赛的内容是，谁能爬上眼前这座高耸的塔顶，它就属于青蛙中的领导者。另外，在赛场上还有一大群青蛙，正在为比赛的青蛙们欢呼。但是，观赛者并不相信有哪只青蛙能够爬上塔顶，它们开始议论说：“这塔顶太高，太危险了。”

当爬到三分之一处时，有一只青蛙坚持不住，掉了下来，被救护车抬走。紧接着，开始有第二只、第三只甚至更多的青蛙掉下来。这时，观赛者的议论声越来越大，它们不停地说：“这比赛的难度太大了！”“没有青蛙能够成功的！”“这种比赛超过了青蛙的科学上线！”听到这些声音，有的青蛙不小心摔下来，有的青蛙主动放弃。

在离塔顶三分之一处时，其他青蛙都后退了，只剩下一只青蛙仍在坚持。经过不懈的努力，这只青蛙终于爬到塔顶，成为最后的胜利者。

于是，这只青蛙成了众蛙议论的焦点，有的青蛙说，这只青蛙年轻，有的青蛙则说这只青蛙健壮，而有的青蛙说这只青蛙与其他青蛙的身体构造不同。几乎所有的青蛙都在猜测这只青蛙胜利的秘诀，当记者采访时才发现，这只青蛙与其他青蛙唯一的不同之处就是，它是一个聋子，听不到他人的议论纷纷。

有人说，在这个世界上，成功者往往都是“聋子”。说到底，是因为聋子听不到别人对他的议论，他们能够把所有的精力用在自己的事情上。所以，在面对他人的议论纷飞时，我们要使自己拥有聋子的特质，当你无法让别人“闭嘴”时，那就让自己做一个“闭耳”不听的聋子吧。

西藏六世达赖喇嘛曾说：“在雪域之上，心事太重的人，容易走不动。”同样，生命之旅中，如果一个人太看重别人的言语，往往会丧失勇往直前的力量，并最终让自己死在通往梦想的路上。

在梦想的路上，学做一个耳根清净的聋子，不去理会他们嘴中不同版本的你。只有如此，你才能够专注于自己的梦想，并最终获得令人意想不到的成功。

7. 与其听人风言风语，不如搏击风雨

风言风语从来都不重要，觉得风言风语很重要的人，往往已经迷失了自己。嘴长在别人身上，如何说风言风语是他们的自由，而梦想是自己的，为自己的梦想去搏击才是真正重要的。

人生在世，每个人都要经历各种坎坷，风风雨雨都是寻常事，而且谁也不可能是万人迷，别人的风言风语也自然难以避免。关于这个问题，古代先哲早有忠告：“静坐常思己过，闲谈莫论人非。”说人是非当然是不可取的，那么当别人风言风语地说你是非时呢？我们应该怎么办？在这种情况下，很多人都无法做到淡定，于是不少人在风言风语中发疯了。

风言风语不仅能让一个人过度敏感，而且具有超强的同化作用，把听是非的我们也变成是非之人。正所谓“近朱者赤，近墨者黑”，听的风言风语多了，难免与人生出矛盾，甚至卷入人际战争。所以，与其听风听雨，不如搏击风雨，去为自己的梦想拼搏。

在处理风言风语这个问题上，著名作家贾平凹的经历值得我们每个人参考。

1993 年，贾平凹的《废都》由北京出版社出版，这本描写当代知识分子生活的艳情小说，由于其独特而大胆的态度以及赤裸裸的性描写，引起社会各界激烈争议，小说毁誉参半，社会上关于他的风言风语铺天盖地，贾平凹甚至被冠以“流氓作家”的称号，随后小说遭禁。

贾平凹并未因此而沮丧，而是更加埋头于创作。没过多久，在国内遭到批判的《废都》，却为贾平凹在海外赢得了声誉，1997 年贾平凹凭《废都》获得法国著名的费米娜文学奖。被禁 16 年之后，《废都》2009 年再度出版，并与《浮躁》、《秦腔》组成《贾平凹三部》。

面对封禁以及风言风语，贾平凹没有愤怒，更没有绝望，而是选择了沉默，选择了继续默默地努力。他知道自己作品的价值，更知道自己心怀梦想，所以能够心无旁骛地为梦想出发。随着时间的推移，他的作品的真正价值终于得到全世界承认。让自己听取风言风语，淹没自己的理智，远远不如行动起来，全力以赴用生命去搏击风雨。

当然，要做到不听风言风语，埋头走自己的路，是需要一定胸襟的。唐代有个名叫娄师德的人，就是一个值得我们学习的人。

有一天，娄师德走在街上，忽然听到有人指名道姓地骂他是畜生，他假装没听见，直接走了过去。

他的随从实在忍不住，跟上前去问："老爷，有人骂你，你听见了吗？"

娄师德说："他是骂别人吧，你听错了。"

随从说："不对，他明明是叫着您的名字骂的，绝对没有听错！"

娄师德说："天下同名同姓的人很多，他是在骂另一个娄师德。"

这时，那人越骂越凶，随从忍无可忍，又说："老爷，那个人又在指着骂您是畜生，连禽兽都不如……"

娄师德打断他的话说："他骂了我一句，你又对我重复一遍，你不是也在骂我吗？不要多管闲事。"

娄师德的气度当真令人钦佩，这种对待"风言风语"的境界，非一般人所能达到，但其中传达的道理却令人深思。"他骂了我一句，你又对我重复一遍，你不是也在骂我吗？"同样，别人对我们的各种议论、评判，如果我们真的去相信，去加在自己身上，不是也等于在帮着别人议论自己、评判自己吗？

风言风语就像病毒，如果你理会它，它就会在你的心里生根发芽，让你痛苦。相反，你若不理会它，它自己便会随着时间销声匿迹。其实，风言风语从来都不重要，觉得风言风语很重要的人，往往已经迷失了自己。嘴长在别人身上，如何说风言风语是他们的自由，而梦想是自己的，为自己的梦想去搏击才是真正重要的。

走自己的路，让别人去说吧。对于很多人来说，这句话可能已经司空见惯，但却永远不会过时。看看我们周围就知道了，有几个人能真正做到呢？越简单的道理，往往越难以做到，而真正做到的人，往往受益匪浅。

Chapter 6

为什么活得这么累——别让面子害了你

Zhebeizi
Henduan
Buyao
Weibieren
Erhuo

1. 别把面子和尊严画等号

如果一个人一生都在为面子而活，他不仅活得很累，而且会因为寻求面子而迷失自己。反之，如果一个人敢于丢下面子，让自己的心中少一份虚荣，多一份真实，则可以活得更开心、更淡定、更幸福。

世人相处，最看重的就是面子，所以才有“人活一张脸，树活一张皮”的说法。关于面子问题，林语堂曾说：“中国人的脸，不但可以洗，可以挂，也可以丢，可以赏，可以争，可以留。有时，争脸是人生第一要义，甚至倾家荡产而为之。”可见，面子问题何等重要。

历史上有一个“无颜见江东父老”的典故：项羽百战百胜，但在和刘邦的决战中以惨败收场。面对如此败局，项羽叹息道：“我与江东子弟八千人渡江，今天无一回去，怎有脸去见江东父老乡亲呢?”为挽回面子，项羽手持短兵搏杀了数百人，以证明自己不是没实力，而是刘邦耍流氓。最后，项羽乌江自刎，草率了结自己的性命。

项羽是一个爱面子的典型，他曾说过“富贵不还乡，如锦衣夜行”的话。到了最后的生死关头，不考虑为自己寻条生路，却还在为面子挣扎，由此可见项羽只不过是匹夫之勇，缺少成为政治家的修养。因此，项羽输给刘邦也是必然的事情。

在众人心目中，面子等同于尊严，所以很多人总是把面子看得比性命还重要。关于面子问题，有打油诗调侃道：“头可断，发型不能乱。血可流，皮鞋不能不打油。”而实际上，尊严并不同于面子，所谓面子，只不过是一种表面的虚荣，是虚假的体面，是一种异化了的尊严。通常来说，尊严不依赖于面子，而依赖于人格，只有那些人格高尚的人，才能够真正维护自己的尊严。那么，面子与尊严究竟具有哪些本质的区别呢？在这里，我们不妨通过一个故事来说明两者之间的不同。

有一个人，总因为自己没面子而感觉心情沮丧，于是找大师请教。大师说：“当你感觉自己没面子时，就往自己的口袋中放个鸡蛋，不仅要每天随身携带，而且要保证鸡蛋不被打碎。一个月之后，再来找我。”

此人按照大师的吩咐去做。然而放在口袋中的鸡蛋，没过几天就变质了，散发出难闻的气味。别说他人避而远之，就连自己都难以忍受。

一个月之后，再见到大师。大师说：“你所在乎的面子，就像口袋中的鸡蛋，你如果太在意它，放不下它，时间久了就会变质、发臭，最后难受的是你自己。”

然后，大师有吩咐此人说：“如果哪天你做了捍卫尊严的事情，就往自己的口袋里放一块金子。一个月之后再来见我时，我自然会告诉你尊严与面子有何区别。”

几日后，此人果真做了一件维护尊严的事情。但由于家中清贫，没有金子可以放在口袋里。一个月之后，此人又去拜访大师，眉眼中流露出愉悦之情。大师问：“你的口袋中并没有金子，为什么你却心情如此愉悦?”此人回答：“我感觉做一个有尊严的人，会令我身心愉快，至于我的口袋中是否装有金子，这早已不是什么重要的事情了!”

大师笑道：“尊严是做人的本质，它可以使人的心灵像金子一样发光。而面子则是一种表象，一个人若总是为面子而活，时间一长，就像发臭的鸡蛋，连自己都会讨厌自己。”

现实生活中，很多人总喜欢把面子当尊严，其实“面子”与“尊严”具有极大的区别。比如，面子是外在的，而尊严是内在的；面子需要别人给你，而尊严是自己留给自己；面子讲究的是抱团，而尊严追求的是自我；面子是皮肉，而尊严则是骨头；面子是随时都可以丢掉的道具，而尊严则是永不可毁灭的精神。

据说，齐国有一个穷酸之人，娶有一妻一妾。为在妻妾面前有面子，他告诉她们总有人邀请他去赴宴，且每次回家总是装出一副酒足饭饱的模样。其实，他并没有去参加什么宴会，而是跑到城东门的墓地里，向上坟人乞讨剩余的祭品而已。

为挣得面子，竟做出如此下贱之举。为此，这人不但没有丝毫羞耻之心，反而洋洋得意，总是在妻妾面前摆出一副不可一世的样子。就算他在妻妾面前暂时赢得了面子，而他的尊严却早已丧失殆尽了。

人要脸，树要皮。但我们不应该把面子与尊严画等号，更不应该为挣得面子，而使尊严扫地。如果一个人一生都在为面子而活，他不仅活得很累，而且会因为寻求面子而迷失自己。反之，如果一个人敢于丢下面子，让自己的心中少一份虚荣，多一份真实，则可以活得更开心、更淡定、更幸福。

所以，一个人是否能够有尊严地活着，并不在于他多富有、多高贵，而取决于一个人是否自尊，是否能够正直而坦荡地活着。

2. 别总是对别人的美好生活流出艳羡的口水

你无论多么羡慕别人，也无法让自己变成别人；你无论多么厌恶自己，也无法让自己不做自己。猪永远是猪，牛永远是牛，鸡永远是鸡，鹰永远是鹰。它们唯一能够改变的是，不去羡慕别人的美好，好好珍惜自己拥有的。

生活中，很多人总喜欢拿自己跟“别人”比，且在言语之间流露出难以掩饰的羡慕之情。尤其在跟身边的朋友、同事、同学、亲戚相比较时，更是感慨万千、愤愤不平。比如，有的人羡慕别人家庭幸福，有的人羡慕别人事业有成，有的人羡慕别人生活富足。总之，无论自己现状如何，总是羡慕别人比自己拥有的更多。其实，我们完全不必羡慕别人，用心过好自己的人生，珍惜现在的拥有，这才是人生中真正的快乐与幸福。

在这里，与大家分享一则有关羡慕与被羡慕的寓言故事，以供学习自勉。

猪说："假如让我再活一次，我希望自己做一头牛。虽然工作辛苦，但名声好，且令人爱怜。"

牛说："假如让我再活一次，我希望自己做一头猪。吃了睡，睡了吃，整天不出力气，不流汗，过着神仙般的生活。"

鹰说："假如让我再活一次，我希望自己做一只鸡。渴有水喝，饿有米吃，住有住房，还受人保护。"

鸡说："假如让我再活一次，我希望自己做一只鹰。能够云游四海，翱翔天空，而且还可以任意抓兔杀鸡。"

世界还真是奇怪，一些人觉得幸福的事，对另一些人来说却是痛苦的。对自己来说，明明是缺点或瑕疵的特征，在别人眼中却变成了优点。

现实就是如此，你无论多么羡慕别人，也无法让自己变成别人；你无论多么厌恶自己，也无法让自己不做自己。猪永远是猪，牛永远是牛，鸡永远是鸡，鹰永远是鹰。它们唯一能够改变的是，不去羡慕别人的美好，好好珍惜自己拥有的。

记得曾在网上读到过这样一道选择题：如果现在就把李嘉诚的年龄和财富一同送给你，你干还是不干（李嘉诚财产 260 亿美元，今年 84 岁）？当然，绝大部分人选择的答案都是：不干！所以，从这个角度来说，李嘉诚拥有的财富令很多人尤其年轻人羡慕。而对于李嘉诚来说，年轻人拥有的青春与活力，以及他们可以用来为梦想奋斗的时间，不正是李嘉诚所羡慕的吗？

正如一句话所说：风景总在别处，幸福总是别人。很多人的一生在羡慕别人中度过，却忽视了自己拥有的。有人时常幻想，如果有一天，当自己一觉醒来变成某个人，那该是多么幸福。然而，那些令我们羡慕不已的人，他们也正在承受着自己生命中的缺憾。

在这个世界上，每件事都像一枚硬币，有正的一面，也有反的一面。所以，每个人都有自己的幸福，也都承担着自己的不幸。当你在眼巴巴地羡慕别人时，也正被别人眼巴巴地羡慕着。所以，请别羡慕别人，每个人都有自己的亮点，也都有属于自己的那份幸福。假如有一日，你的生命中发生了某件令人感伤甚至痛苦不堪的事情，请不要怨天尤人，更不要绝望。也许说不定，这正是你令人羡慕的开始呢！

著名收藏家萨依特，年轻时曾是政府高官，34 岁时就做到了副市长位置。不幸的是，正当事业飞黄腾达时，他所管辖的城市发生了一场火灾，萨依特为此被免掉了副市长的职务。

身边人都为这件事感到惋惜，并认为萨依特会为此痛苦不堪。被免职的萨依特搬到乡村居住，并过着平民百姓的生活。由于萨依特见多识广，知识渊博，闲来无事时，开始研究收藏。七八年之后，萨依特竟然从民间收藏了几十件世界顶级陶器，每一件陶器的价值都值上千万美元。

有人问萨依特：“在这短短几年里，你为何能够在收藏界取得如此大的成就？”萨依特回答说：“我的生活非常简单，从不盲目与别人攀比。也正是这种清净的生活，使我能够一心一意地鉴别陶器。”

活好自己的人生，不去羡慕别人。这不仅令萨依特摆脱了人生中的各种烦恼，同时也使他把收藏事业做到了顶峰，从而成为一名伟大的收藏大师。同样，在我们的生活中，总是令我们内心不安的，并不是因为我们做的不够好，也不是因为我们拥有的不够多，而是因为我们总在羡慕别人。在这种羡慕、不满情绪的影响下，人生开始陷入混乱、迷茫、复杂的怪圈之中，最终丧失了为梦想奋斗的勇气与力量。

羡慕别人，你付出的代价将是失去自己。而那些不去羡慕别人，悠然自得活好自己的人，反而更容易实现人生目标。所以说，幸福并不是去羡慕谁，而是用心守住自己的所有，追求自己的希望，在简单与豁达中寻找幸福的真意。

3. 为了“争口气”，我们把自己逼到无法呼吸

在这个世界上，总有一些人拥有的财富，令我们羡慕不已。即便是那些身居高位的国家总统，有时候也难免会羡慕富商们的富有，更何况是我们普通的百姓呢？但是，一个人要想使自己的生活保持原本的美好，就一定要学会控制自己的攀比之心。

中国有句谚语说：“人争一口气，佛争一炷香。”在中国正统教育中，所谓的“争”，即争取、奋斗之意，这是一种积极的无可厚非的行为。做人固然要争气，然而在现实生活中，很多人所谓的“争气”并不是争骨气，而是为了所谓的面子，不顾自身实际与他人攀比。

贫困之人为争口气，一定要过上温饱生活；温饱之人为争口气，一定要过上小康生活；小康之人为争口气，一定要过上富裕

生活；富裕之人为争口气，一定要过上奢华生活。生活中，正因为多了这个“争”字，令整个世界纷扰起来，浮躁起来。如果这些所有的“争”在自己的能力范围之内，也就罢了，偏偏有很多爱慕虚荣之人为了面子，不惜付出一切代价。最终他们不但没有把这口气“争”回来，反而把自己逼得无法呼吸，甚至因为一口气没争到，把自己给气死了。

说到“争气”之事，不禁让我想到“吹破肚皮的青蛙”这个故事：

一头牛在泥泞的草地上吃草，偶然会把脚踏在一堆小青蛙当中，几乎把所有的幼蛙都踩死了。幸运脱险的一只青蛙，带着这可怕的消息跑到母亲那里去了。“啊，母亲！”它说，“是一只野兽，一只有四个大脚的大野兽把兄弟姐妹们给踩死了。”“大野兽有多大？”老青蛙问。“很大很大。”小青蛙回答。老青蛙股足了气，把自己的肚皮胀得大大的，问道：“大野兽像我这样大吗？”“比这大多了！”小青蛙说。“哦，有这么大吗？”老青蛙继续鼓着气，把肚皮胀得更大了。“真的，妈妈，即使你胀破了自己，也不够他的一半大。”小青蛙说。老青蛙看到自己的努力受到轻视，很是恼怒。于是，老青蛙用尽力气鼓了一下气，不幸的是胀破了肚皮，在妄自尊大中自行灭亡。

我们多半人都像故事中的青蛙，为使自己不输给别人，开始与身边的人比这比那，并要求自己一定要“争气”。其实，这所有的行为，并不是为了争气，只是为了争面子，满足自己的虚荣心而已。

现实生活中，经常有这样一类人：为争一口气，证明自己比别人强，房子一定要比别人大；挣钱要比别人多；人缘要比别人好；权力地位要比别人高；孩子一定要比别人优秀。反之，当他看到别人发了财，买车买房，于是就眼红，忍不住攀比，最终使自己债台高筑，负重不堪。

前不久曾看到一则题目为《妹妹嫁高富帅，姐姐为攀比而贷款买车买房遭起诉离婚》的新闻，其大概情节是：

姐姐是开花店的个体户，老公是一名民警，夫妻俩虽算不上富贵，但小日子也过得幸福美满。而比姐姐小 5 岁的妹妹，从小就学习好，大学毕业后，在某一线城市当教师，不但工作清闲、待遇好，而且还嫁了一个“高富帅”老公。妹妹结婚时，男友的父母不但给他们买了婚房，而且还送他们夫妻一辆高级轿车。另外，还在某滨海城市给他们买了一套海景房。结婚后，妹妹每次过年，总是开高级轿车回家，车里装满了各种礼品、年货，并且为家中的孩子们准备了厚厚的红包。每当这时，父母总为小女儿的孝顺眉开眼笑，心里乐出花。

看到妹妹生活幸福，姐姐的心中自然是高兴的，但时间长了心里就产生了不平衡。尤其在亲戚们聚到一起时，总会不由自主地讨论：“这姐妹两个呀，还真是从小看到大……从小就是妹妹学习好、听话、懂事，现在姐妹两个的差距更是越来越大……”

每当听到类似这样的评论，姐姐内心总会伤感、难过好一阵子。为表现出自己并不比妹妹差，姐姐卖掉了原来的小房子，贷款买了一套复式的大房子，光装修费用就花掉了 20 多万。房子装修好不久，姐姐又贷款买了一辆 20 多万的车。

如此一来，姐姐不仅花光了多年的积蓄，且每个月要还 8000 多元的车贷、房贷。夫妻两个人的收入，除还贷款外，生活开支都成了问题。面对如此之大的还贷压力，丈夫认为妻子过于虚荣，妻子反而嫌弃丈夫挣钱少，两人总是为金钱的事争吵不止。丈夫对妻子的行为忍无可忍，终于上法庭起诉离婚。

读完这则新闻，不禁唏嘘感慨，一个原本和睦的家庭，竟然为了虚假的面子，而搞得夫妻二人对簿公堂，最终以离婚收场。

的确，人人都有攀比之心，甚至是打着“争气”的幌子来满足各种各样的虚荣心。在这个世界上，总有一些人拥有的财富，令我们羡慕不已。即便是那些身居高位的国家总统，有时候也难免会羡慕富商们的富有，更何况是我们普通的百姓呢？但是，一个人要想使自己的生活保持原本的美好，就一定要学会控制自己的攀比之心。

生活中，人们感慨最多的一句话就是：“活着真累！”一个人之所以会感觉累，一半的压力来自生存，另一半的压力则来自攀比。中国有句话叫“打肿脸充胖子”。对于一个不胖又想“争气”装胖的人来说，就必须要把脸打肿，并且要承受“肿脸”的疼痛之苦；而对于一个胖人来说，胖是本来就存在的，他就不需要承受“肿脸”的痛苦了。所以说，人生的烦恼，大多时候并非真正缺少什么，而是因为心中的“争气”情结，总是把我们逼得无法呼吸。

佛说：“不争、不辩、不闻。”不争，即为人生至境。这正如英国诗人兰德在诗中所写：“我和谁都不争，和谁争我都不屑；我爱大自然，其次就是艺术；我双手烤着生命之火取暖；火萎了，我也准备走了……”

4. 喜欢炫耀的人，大多是过去被别人看不起的人

我们不需要用别人羡慕的眼光来证明自己，不为他人而活，而要学会为自己活，活出自己的范儿。不要让面子害了你，如果一个人总是活在别人对自己品头论足的阴影里，那是人生的最大悲哀。

有事没事、大事小事都发朋友圈，这已成为当下人们的一个习惯。其中晒孩子、晒美食、晒恩爱者比比皆是。有的是发给自己留着回忆，有的却是为让别人投来羡慕的目光。

喜欢炫耀，其实是一种内心极度渴望被关注、被崇拜、被羡慕的表现。正是因为他们平时没人注意，甚至从未被人看得起，一旦获得一点成绩，便希望全世界都能注意到他。所以，从某种程度上来说，喜欢炫耀的人大多是过去被别人看不起的人。

多年没见的初中同学，嚷着要聚会，原本不喜欢这样场合的我也被拉了去。当年的同窗，在学校有着共同的经历，现如今却奔波于不同的行业，每个人所关注的话题也迥然不同。

王明原本是班里不起眼的一个男生，现在手里拿着苹果iPhone6，腕上带着金表，夹着小包，看样是发达了，俨然一副暴发户模样，进来就嚷着要买单，都不要和他抢。

张菱，一个班上我都忘记名字的女生，那时矮矮胖胖的没什么特点，学习成绩也一般，很容易被人忽略，现在却美人一枚，

手指上套了好几个钻石戒指。听旁边的同学小声说，她减了肥，割了双眼皮，现在嫁给一个房地产开发商，并育有一双可爱的儿女。

一场同学会俨然变成了大家的“炫富会”，你晒财富，我就晒孩子；你晒房子，我就晒老公；你晒工作，我就晒人脉……炫耀成了这场同学会的主题。

同学会只是社会的一个缩影，这样的情景处处皆是。炫耀之心，人皆有之，毕竟被人忽视是一种不好的感觉，谁都希望自己能够成为别人眼里的成功者或幸福者。所以，很多人会想方设法使自己站在聚光灯下，以引起他人关注。如果一个人想尽办法来炫耀自己的所有，以博得众人表面上的关注，那么只能让人觉得你在哗众取宠。而且，我们必须深刻地认识到，炫耀是一个人不自信的表现，更是一种对自我能力的怀疑。当他向众人炫耀时，其目的是想通过众人的赞美、羡慕来满足自己的虚荣心。

在这里，不妨向大家讲述我去某城出差时，在火车上遇到的一个奇葩经历。

当时我正躺在下铺漫不经心地翻杂志，突然有两个女孩的声音传到我的耳中。循声望去，是两个着装时髦、化着烟熏妆的年轻女孩。她们娃娃般甜美的声音格外引人注意，尤其令我泪奔的是这两个女孩之间的一段极品对话：

美女甲曰：“我今年已经是第三次去 XX 医院做人流了，那儿的服务还真不错。哎，没办法，谁让本姑娘我是他们的 VIP 贵宾呢?”虽然只是在轻描淡写地聊天，但她的脸上却写满了得意和炫耀的神情。

美女乙接过话茬说："我上次做人流，不小心被我们经理发现了。这三八女竟然把我叫到办公室，对我进行了长达 2 个小时的教育劝导。真他妈的有病，都三十好几的老女人了，竟然对这么屁点的小事大惊小怪。看来这三八还真是没人爱的老处女了，连做个人流的机会都没有男人愿意给她。"

听到两个女孩的对话，我当时就想，在这个多元、开放的时代，难道堕胎也成了一种时尚，而那些安分守己的女孩们就真的 OUT 了？这不能不说是一种变态的炫耀。

而事实上，真正令人怜悯的却是这两个大谈"堕胎趣事"的女孩。她们之所以在大庭广众之下炫耀人流，无非是在炫耀自己贵族般的"人流蜜月"，而炫耀"人流蜜月"的目的，又是在炫耀自己被有钱的男人包养。

被男人包养难道真的是一件光宗耀祖值得炫耀的事吗？其实，这恰恰说明那两个女孩的内心是自卑的，且她们的行为为众人所不齿。为掩饰自己内心的自卑感，她们故意把自己装扮得高贵、时尚，行为、举止上也故意志气昂扬。而实际上，她们的灵魂早已低贱到尘埃中去了。由此可见，炫耀是一种病态心理，是一个人浅薄、轻浮的表现，久而久之会让大家对你敬而远之。

一个人要想改变这种心理，最好的办法就是找到自己的长处，并努力做好一件事，得到大家的认可，而不是以炫耀的方式来引起他人的关注。我们不需要用别人羡慕的眼光来证明自己，不为他人而活，而要学会为自己活，活出自己的范儿。不要让面子害了你，如果一个人总是活在别人对自己品头论足的阴影里，那是人生的最大悲哀。

也许你所炫耀的东西，别人不屑得到或者早已经拥有，而你却还在忘乎所以地炫耀，这不但不能得到众人的尊重，反而会使自己变成了一个笑话。

为什么要在乎别人对你的看法呢？真正的面子并不是从炫耀中获得。虚荣的炫耀只会让一个人变得更加自卑、可怜，只有不断提升自己、完善自我，才能够使自己变得足够强大。

当你足够强大时，任何人都没有权利去否定你的努力，而是真正投来羡慕、钦佩、肯定的目光。所以，一个人挖空心思地炫耀，不如踏踏实实地做一些有价值的事情，以此来丰富自己的生活，充实自己的人生。

5. 别让自己败给金钱——人最怕的不是死，而是别人比自己富

人活着不能没有钱，但钱绝不是人生的全部。当我们所做的一切都在围绕着钱转的时候，其实我们已经败给了金钱，输掉了人生。所以，不要让金钱吞噬你的人生，不要让攀比比掉你的梦想。

从心理学上讲，攀比是人的一种与生俱来的人性，这种人性本身无所谓好坏。从小处讲，适当的攀比心理能激发人的上进心，往大处讲，正是由于人类的攀比心理，才得以推动人类

物质文明的不断进步，推动人类智慧的不断发展。但是，当这种攀比心理超过一定程度的时候，就会扭曲人的心理，给人带来痛苦。不少人因为无法摆脱攀比心理，就尝到了自酿的苦果。

曾看过这样一则新闻：在广州做生意的周某回到家乡。由于多年没见面，同学刘某、王某等人为他组织了一次同学聚会。这本该是一次老同学久别重逢的聚会，谁料却成了刘某与王某的炫富会。席间，二人炫富斗嘴、互不相让，破坏了气氛，使聚会草草收场，大伙不欢而散。谁知，在结账时，二人又因争抢埋单使矛盾激化。在相互推拉的过程中，王某不顾同学劝阻将刘某多次推倒在地，致刘某小肠系膜破裂。案发后，王某在同学的陪同下来到公安机关投案自首，对犯罪事实供认不讳。

你看，好好的同学聚会，变成炫富会，最后变成同学“惧”会。人人都知道攀比是一种不健康的心理，但道理归道理，很少有人能够停下攀比的脚步。人们好像进入了一个难以走出的怪圈，不是生活在自己的世界里，而是生活在别人为自己设计的世界里，虽然不喜欢，却还是一往无前。

现代人的攀比，核心是金钱，具体则延伸到多个方面。比如购房，表面看是刚需，实际上是一种金钱竞赛，能够买得起房子的人好像就获得了一种身份，能够享受到一种“人上人”的优越感。再有，就是结婚排场上的攀比，近年来，“中国式结婚”的成本日趋高涨，据香港《东方日报》报道，以浙江杭州为例，男性结婚成本普遍约为250万元人民币，其中200万元为买房、

50 万元用作办喜酒等其他开支。然而，金钱与爱情是不能完全画等号的。

其实，所有的攀比，说到底是为了一个面子。作为人，我们需要基本的面子，这里的面子实际是尊严。但是，攀比中的面子，实际已经脱离尊严的内涵，成为一种虚荣。正所谓“死要面子活受罪”，死要面子的滋味只有自己最清楚。

下面这个故事里的秀才，最清楚死要面子的滋味了。

有一个秀才，明明很穷，却很爱面子，就是不肯承认自己穷。有一个冬天，秀才的一个远房亲戚请他去做客。秀才答应了，可是翻箱倒柜也找不到一件体面的冬衣，这可如何是好？秀才想了半天，想起自己有一件夏天穿的漂亮的单褂，于是干脆就穿上这件单褂出发了。不仅如此，他还拿了一把扇子，一边走一边扇。

到了亲戚家，亲戚惊讶地问：“你怎么穿这么少，不冷吗？”

秀才摇着扇子，满不在乎地说：“不冷啊，我这人怕热。”嘴上这么说，心里却在想，一会儿一定多喝几杯酒，去去寒气。

可是，等酒席开始，亲戚见秀才如此地怕热，怕他喝了酒中暑，就坚决没让他喝。秀才也只好装下去，拿着扇子继续扇啊扇，越扇越冷。

晚上亲戚留秀才过夜，秀才高兴极了，心想，终于可以钻进暖暖和和的被窝了。但是没想到，亲戚又怕他热，卷走了床上的被褥，给他铺了一条席子，还打开了窗门。到了半夜，刮起了大风，秀才穿着单褂，冻得瑟瑟发抖，决定偷偷溜回家。

但由于天黑，刚出门没走多远就掉进了池塘了。秀才不会游泳，在水里挣扎着，响声惊动了亲戚，亲戚提着灯出来一看，赶紧对秀才说："你等等，我去拿根竹竿，把你拉上来！"这时候，秀才仍旧死要面子，说："不用了，我是嫌屋里太热，出来洗个澡的。"

作为一个局外人，我们能够很清楚地看到这个秀才的荒唐之处。但是，当我们在生活中为了金钱处处与人攀比的时候，作为一个当事人，却常常难以发现自己的荒唐之处。

要知道，人活着不能没有钱，但钱绝不是人生的全部。当我们所做的一切都在围绕着钱转的时候，其实我们已经败给了金钱，输掉了人生。不要让金钱吞噬你的人生，不要让攀比比掉你的梦想。这是我们应该每天提醒自己的事情。

金钱再好，没有生命美好。健健康康地活着，为梦想出发才是最美好的人生。

6. 低调做人，不在熙攘的人群中招摇自己

地低成海，人低成王。一个人无论取得多大的成就，也不管名有多显、位有多高，都应该采取低调谨慎的处世态度，切不可处处锋芒毕露。

在网络发达的今天，我们身边充斥着各种"炫"。很多人生怕别人不知道自己，或担心社会冷落了自己。于是，睁开眼睛的第一件事就是打开网站、论坛、朋友圈，然后在网络世界中高调

出场，以提升自己的关注度及曝光率，并从中获得所谓的“成就感”。

这些喜欢在公众场合高谈阔论的人，虽能够博得诸多的鲜花与掌声，但也会遭到他人的嫉妒或仇视。更为可怕的是，他的高调炫耀会将自己暴露于众目睽睽之下，令自己的缺点、不足一览无余。正如孔雀开屏，炫耀羽毛的同时，也露出了它丑陋的屁股。

有社会学家认为，人的一生需要靠两件事来确立根基：第一件事就是做人，第二件事就是处事。纵观古今中外，最能够保全自我、发展自我、成就自我的处世之道便是：高调做事、低调做人。这正如宋代诗人苏东坡所说：“能够成大事的人，必须先将自己置身于暗处，并观察身在明处的人，使自己保持静默，观察他人的一举一动。这样，所有人的情况就已经都在你的掌握之中了。”也正因如此，那些越善于低调做人者，就越能够成大事，越是那些功成名就者，往往越是低调的典范。

在中国快递行业中，顺丰速递无疑是家喻户晓，但却很少有人知道，顺丰快递创始人的名字叫王卫。

创业 20 多年来，王卫一直坚持低调行事原则，很少接受媒体采访。其实，找不到王卫的并不仅仅是媒体，就连投资银行的经理人，也很难找到他。据说，有 VC 想给王卫融资，但王卫始终不肯出来见他。为见王卫一面，这个 VC 对外开出了 50 万中介费的价码。他愿意掏 50 万，只是为能够和王卫一起吃一顿饭。另外，包括花旗银行在内的很多投资银行，都在寻找王卫。为找到王卫，他们宁愿付给咨询公司 1000 万美元的佣金。

在仅有的几次采访中，当王卫被问及为何保持低调作风时，他的观点是，低调一点对管理企业有一定的好处，只有让员工认不出你，你才能够深入基层了解最真实的情况。

通常，成大事者大都是出色的潜伏者，善于在隐藏中保护自己。他们明白，当一个人置身暗处，别人就不会关注你，自然也就无法看透你，从而使自己减少了不必要的对手，以更好地保存自己的实力。同时，使自己置身暗处，更有助于观察他人的一言一行，一举一动，令自己更清楚地看到对方的真实面目及目的。所以说，一个善于“潜水”不招摇的人，才是真正的智者。

地低成海，人低成王。一个人无论取得多大的成就，也不管名有多显、位有多高，都应该采取低调谨慎的处世态度，切不可处处锋芒毕露。低调做人，这不仅是一种修养、一种风度，更是一种智慧、一种谋略、一种处世哲学。千百年的历史证明，“调”越高者，结局越惨；反而那些俯下身子处世者，颇具王者风范、圣者气度。

说起“高调”与“低调”，最具代表性的人物则是项羽与刘邦二人，且两者之间形成了鲜明对比。

当年的楚霸王项羽，不仅年轻得志，且英勇善战。与作战勇猛的项羽相比，刘邦显然黯淡了很多，但刘邦也具有自己最重要的优势，即做事低调，善于隐藏自己。

一日，秦始皇的车驾从项羽和刘邦的面前驶过，项羽大放豪言曰：“吾将取而代之！”而刘邦则感慨：“大丈夫当如是。”在面对皇帝之位时，项羽一心想抢到属于自己的皇冠，处处暴露了自己锋芒毕露的好强个性。当然，刘邦也有独霸天下的雄心壮志，但他却不显山不露水，故意表现出一副甘心称臣的模样。在危急关头的鸿门宴上，刘邦全然放下面子，以委曲求全来保存自己的实力。

随着实力的逐渐壮大，刘邦开始向项羽逼近，最后使项羽落得个乌江自刎的悲剧下场。聪明的刘邦明白“过刚易折”的道理，所以他总是以低调来掩护自己，最终成功建立了汉朝。

其实，他们的成功与失败，就在于处世之“调”的不同。中国古话曰：“鹰立如睡，虎行似病。”意思是说，当老鹰站立起来准备抓捕猎物时，常会表现出一种困乏无力的神态，而当老虎准备向猎物发出攻击时，则会装出一副大病未愈、无力行走的样子。倘若它们不善于隐藏自己、迷惑对手，猎物们将会闻风而逃，就算鹰与老虎的本领再大，也很难捕到猎物。

俗话说：“木秀于林，风必摧之。”在为人处世中，若一个人过于招摇，难免会让一些人看你不顺眼，这无形中就为自己树立了对手、敌人，为自己的人生找麻烦。所以说，低调是做人的最佳姿态，更是成大事者不可不知的终极智慧。

7. 这些年，我们都吃了不懂拒绝的亏

哈佛商学院MBA职业规划大师蒂莫西·巴特勒也曾说：“不惜任何代价避免冲突，当老好人，这是阻碍一个人成功的首要障

碍。”所以，一个人要想不委屈自己，使自己的生活更美好，就要学会拒绝他人，做到有所为，有所不为。

面子问题大如天，为了面子，我们总是不忍拒绝别人的不当请求。曾有个朋友向我抱怨：“邻居经常向我借车，导致我每天下班开车回家都带着巨大的压力，总担心会在门口碰到这个噩梦般的邻居。”

听着朋友的烦恼，心中不由感慨——车是你自己的，不想借给对方，不借就成了，干吗非让自己活在压力之中呢？不过在现实生活中，确实有不少与我这位朋友相似的人，他们总认为拒绝别人比委屈自己更难，所以他们宁愿委屈自己，也不肯拒绝别人。

仔细想想，这些年，你到底吃了多少不懂拒绝的亏？比如，几年没见的老同学去你居住的城市出差，让你去火车站接他，明明有更重要的事情要做，但还是说“好”；当同事让你帮他做点事情，自己手头的工作还堆在那里没完成，却不情愿地答应“行”；当领导让你周末加班，而那天刚是你与老婆的结婚纪念日，你左右为难，最终还是回答“没问题”……

对于别人的请求，我们总是“有求必应”，从来不敢说出一个“不”字。即使自己左右为难，即使心里有一千个一万个不情愿，也总把委屈放在心里。美国心理学家莱斯·巴巴内尔认为，不敢对别人说“不”，总是试图让自己扮演“老好人”，这种过分友善的行为是一种病态心理，被命名为“取悦病”或“友善病”。这种过分取悦他人的行为，不但不能令我们获得好人缘，反而会为此付出高昂的代价。

赵菁菁是复旦大学的高才生，大学毕业后在一家高科技外企工作。工作中，她感觉压力极大，有一种崩溃的感觉。

面对心理咨询师时，她委屈地倾诉：“我知道，新人要想在工作中有所进步，需要付出一定的代价。所以，对于上司的命令，我做到绝不违抗；对于同事的请求，我总是有求必应，希望以此来赢得他人的好感，为今后事业的立足打基础。但是，这样做的结果却是，我每天需要做的工作多到做不完，经常需要加班到凌晨，而其他同事却轻松得像个闲人。真不知如何改变这种糟糕的现状？”

针对如此状况，心理咨询师提醒并忠告赵菁菁，假如她不改变目前这种“从不违逆”的思维方式及处世风格，她将永远都改变不了当前的局面，甚至会使情况变得越来越糟，最终导致她在高度压力下自行崩溃。

其实，我们身边有很多与赵菁菁相似的人。他们总是不知不觉地以“取悦者”的身份来取悦别人，认为这样做就能够获得对方的认可，为自己争取一片立足之地。这种想法听起来好像没错，但问题在于，我们忽视了人性中自私的一面：当你总是对别人无条件地付出时，对方会习惯于你的付出，甚至感觉你的付出是理所应当的。

为表现你的友善，你总是在用大量的时间替别人做事，而自己的工作却总是一拖再拖。从此，你就变成了一头免费的驴子，分秒不停地拉磨，永远都无法让自己停下来。就算你的内心苦死，身体累垮，依然说不出一个“不”字。假如有一天，当你不再想这样无怨无悔地付出时，他们反而把你当作自私自利、斤斤计较之人，从此你立刻不被任何人欢迎。

谈及拒绝他人的智慧与方法，在这里不妨听听书法大师启功先生幽默拒绝的故事。

上个世纪的70年代，向启功先生求教、求学的人数不胜数，以至于先生的住处终日脚步声不断、敲门声不停。为此，启功自嘲说："我真成了动物园里供人观赏的大熊猫了！"

有一次，启功先生患了重感冒，根本起不了床。怕有人敲门打扰，就把一张写了字的白纸贴在门上。此纸上写道："熊猫病了，谢绝参观；如敲门窗，罚款一元。"

喜剧大师卓别林说："学会说'不'吧，你的生活将会美好得多。"另外，哈佛商学院MBA职业规划大师蒂莫西·巴特勒也曾说："不惜任何代价避免冲突，当老好人，这是阻碍一个人成功的首要障碍。"所以，一个人要想不委屈自己，使自己的生活更美好，就要学会拒绝他人，做到有所为，有所不为。

这些年，我们都吃了不懂拒绝的亏。对于"拒绝"，很多人认为它是一个贬义词，代表着无情、排斥、隔阂、敌视之意，充满了消极色彩。其实，恰恰相反，拒绝不但不代表这个人冷漠、无情，反而是一种积极的行为。如果我们能够在适当的时候拒绝他人不合理的要求，可以扼杀掉对方不切实际的幻想。虽然拒绝会给人的内心带来不愉快甚至痛苦的情绪，但如果你无法帮到对方，但又不拒绝对方，这就会使对方的"痛苦"不断延伸。所以，从这个角度来说，拒绝是理性者解决问题的最佳方式。

学会拒绝，适时地表达自己内心的不满。这不仅可以让自己解放出来，而且让那些“一直麻烦我们的人”有所顾虑、有所收敛。虽然助人为快乐之本，但在智者眼中，适当拒绝他人，更是一种智慧的表现。

Chapter 7

人生需要断舍离——化繁为简做自己

Zhebeizi
Henduan
Buyao
Weibieren
Erhuo

1. 人生需要减法

减法给予一个人从内到外更换血液和精神的机会。当负担过重时，加法只能让我们徒增烦恼，减法却可以让我们得以脱胎换骨、重返青春。

刚出生的婴儿总是紧紧攥着拳头，想把世界握在手里。这时的他不断努力奋斗，做着人生的加法，以从这个世界中获得更多需要的东西。而到了白发之年，开始做减法，直到弥留之际，手掌摊开放下了所有。

从无到有再到虚无，从加法到减法，人一生走的不过是一个过程。在这个过程中，只有懂得加减取舍，才能达到生命的平衡和圆满。

古希腊神话中，有一个聪明绝顶的人叫西绪弗斯，因为贪念活着的美好，算计了冥王哈德斯，最后被惩罚在一个陡峭的高山上推一块大石头。每当他用尽全力，使石头快达到顶峰时，就会因为重力从山顶滚下去。于是，西绪弗斯不得不一次次把石头推上山顶，做着永远无效无望的劳动。

每个人都是西绪弗斯，重复着推石头上山和承受石头滚下来的整个过程。在人的旅程中，上山固然能获得愿望实现的快感，但下山却能让心灵得以自由地安放。也只有当一个人以减法的心态推起巨石，才能够轻装上阵，才不会被“巨石”带来的苦难、压力打垮，才能将“巨石”推到人生的又一个巅峰。

关于这一人生话题，子路曾经问孔子：“老师，怎样做人生才能完满而不倾覆？”

孔子说：“你记住四句话——聪明睿智，守之以愚；功被天下，守之以让；用力振世，守之以怯；富有四海，守之以谦。”孔子告诉我们，水满则溢，过犹不及，想要固守所成，就要学会做减法。一辈子如此，一天也应是如此。比如，这顿饭吃多了，下顿饭就要少吃点儿，不然就会积食；这几个月工作太累，下几个月就不能太累，不然就会过劳。如果疲于奔命，等到花甲之年想要放松，身体却会因为不能承受而垮掉。因为早在几十年的加法中，身体和心灵在一直负重，当所有负重瞬间减掉，身心就像被挤压多时的心脏，瞬间因为压力骤减而爆掉。

生活中，我们若减少一次奢靡，就能增加一份纯净和本真；若减少一次诽谤，就能增加一份宽容和豁达；若减少一次虚与委蛇，就能增加一份坦诚相待；若减少一次谄媚，就能增加一份人格的尊严。大道至简，艺术、工作和生活都是如此。大凡生命得以圆满的成功人士，多是在减法之中平衡身心，从而获得成功的。

毕加索7岁学画，92岁去世，一生作品近4万幅，非常高产。8 岁时，他就能画出拉斐尔般写实的油画，但到了晚年，他的作品就像孩子涂鸦，笔触抽象、简单，却神韵无穷。

他很喜欢画公牛，年轻时画的公牛有血有肉、雄壮有力，甚至连肌肉的结构、细小的牛毛都隐约可见。但是，随着年龄增长，他画的牛却越显筋骨，不见皮毛。到了 80 岁时，他画的牛只有寥寥几笔，看上去就像牛骨架立在那里。血肉、皮毛甚至连牛头都不复存在，但是所有人一眼就能看出这是一头雄壮好斗的公牛，简单到极致的轻松勾勒，却完美体现了公牛的神韵。

从简单到繁杂再到简单，在艺术中，毕加索完成了人生的蜕变。也因为一次次的蜕变，他的绘画才不局限于技法和理念，在各种流派中自由穿梭，在各种风格中变换无穷。

同样，在生活中，减法给予一个人从内到外更换血液和精神的机会。当负担过重时，加法只能让我们徒增烦恼，减法却可以让我们得以脱胎换骨、重返青春。所以，古人说："删繁就简三秋树，立异标新二月花。"只有减掉多余的、死气沉沉的累赘，才可能加入新鲜的、富有活力的东西。

现在，从身边开始，精简你的生活吧！

2. 断舍离的活法

都说"人之所以痛苦，在于追求错误的东西"，而现代人之所以疲惫，在于追求太多不需要的东西。此时，我们的生活应该开启一种全新的模式——断舍离的活法！

人生一世是否幸福，不在于你拥有多少，而取决于你的心得到了多大程度上的满足。一辈子很短，千万别被自己的贪欲所控制。而且很多事实告诉我们，如果一个人想要的太多，反而什么也得不到。

其实，人要有所得，必然会有所失，只有学会放弃，才能得到自己真正想要的。正如孟子所言："鱼，我所欲也；熊掌，亦我所欲也。二者不可兼得，舍鱼而取熊掌者也。"在这里，我们不妨看看下面这个故事带给我们的启发。

有一个年轻人，自认为聪明绝顶，想在各个方面都超越别人，尤其想成为一个大学问家。很多年过去了，年轻人在社交、健身等方面都取得了进步，可是在学问上的长进却很有限。他觉得自己很努力，结果却这样，为此他很苦恼。

于是，这个年轻人去向一位禅师请教。听完年轻人的诉说，大师说："走，我们登山去，到了山顶你就明白了。"

在通往山顶的路上，有很多漂亮的小石头，很是惹人喜爱。每当年轻人见到喜欢的石头，大师就让他装到一个袋子里背着，过了没多久，年轻人就抱怨说太沉了。终于，在走到半山腰的时候，年轻人对大师说："师父，背着如此沉重的石头袋子，我感觉自己现在一步也迈不动了，也肯定爬不到山顶了。"

大师微微一笑，说："该放下啦，背着石头怎么可以登上顶峰呢？"

听大师说完，年轻人先是一愣，转而恍然大悟，连声向大师道谢。在这之后，年轻人舍弃其他，一心做学问，结果进步飞快。

故事里的这个年轻人，想要在各个方面超过别人，最终却导致自己一无所长。究其原因，这是内心的贪念在作怪，一个人给自己施加的东西越多，越是举步维艰。

毫不夸张地说，现代社会是一个欲望疯长的社会。这种欲望，首先表现在物质上。在过去那个“供不应求”的物质匮乏年代，人们是因为得不到而不幸福，但是在当下这个时代，很多人不幸福的原因却是拥有太多，陷入取舍的困惑中。

现如今，市面上各种商品应有尽有，只要你想买绝对没有买不到的。但这带来的结果也是双重的：一方面让我们充分享受到现代生活的丰富多彩；另一方面导致我们家中的物品越来越多，包括衣服、家居用品、书籍、电子产品，还有玩具等。尽管如此，当我们在面对商场中琳琅满目的商品时，还是经不起贪欲的诱惑，买下更多并不需要的东西。在“浪费就是犯罪”的信念下，我们不舍得扔掉旧的，但却不断购买新的。久而久之，我们的家变成了旧货仓库，我们要想在这纷乱复杂的一大堆物品中，找到自己需要的那一个，变得极其不易。

都说“人之所以痛苦，在于追求错误的东西”，而现代人之所以疲惫，在于追求太多不需要的东西。此时，我们的生活应该开启一种全新的模式——断舍离的活法！

何谓“断舍离”呢？“断舍离”倡导的是一种新生活的理念，它由日本家政咨询师山下英子提出。所谓“断”，即不买、不收取不需要的东西；“舍”即处理掉堆放在家里没用的东西；“离”即舍弃对物质的迷恋，让自己处于宽敞舒适、自由自在的空间。

这一概念一经提出，迅速在社会上引起了强烈反响，实际这也从侧面反映出人们的生活的确是需要一场“断舍离”的革命性整改，从而推动人们从对物品的过度关注，转向对需求的关注。人只有去追求自己真正需要的东西，才能在拥有之后获得真正的幸福感，这种拥有才是真正意义上的拥有。

“断舍离”，简单来说就是“放下”。对于“放下”这一概念，其实多数人并不陌生，佛教中就有很多关于“放下”的思想。这种所谓“放下”，并不是让你什么都不要，而是让一个人明白，自己究竟要什么，要多少。这才是最重要的。

美国最胖的好莱坞影星利奥·罗斯顿，腰围6.2英尺，体重385磅。1936年，在一次演出中因心肌衰竭被紧急送往医院，因抢救无效而死亡。在临死之前，利奥·罗斯顿对在场的医生喃喃自语道：“你的身躯很庞大，但你的身体需要的仅仅是一颗心脏!”在场的医生们都被这句话深深地触动，甚至有人落下眼泪。

没错，对于我们的身体来说，最重要的是一颗跳动的心脏。而对于我们的人生来说，多余的财富会拖累心灵，对名利过度的追逐，也会成为生命的负担。人生苦短，我们要学会放下，学会做一个简单的自己。只有这样，我们才能够享受到简单人生的快乐。

3. 断——断绝对不需要事物的占有欲

“习武者执于剑，博弈者执于棋”，你所贪恋的事物最容易成为你的心魔。有些东西看起来好像非有不可，当太想要的时候，其精神重量就会增加，甚至占据我们生活的全部。有一天我们跋涉千山万水，终于获得之时，却发现它并不像我们想象的那么重要。

看广告，你会发现每个商家都在告诉我们——这件东西，你应该百分百地拥有。事实上，当我们将它买回家之后，就会有这样的念头："哦，真糟糕，白花钱了。"或者，"好吧，也许以后用得上"。但是，从此以后，它就一直在那里，直到有一天我们将它送人或者当作垃圾扔掉。

人对事物的占有欲，就像人想把世界掌握在手中一样，总是抱着极大的热情。事实上，我们掌握不了那么多东西。相反，东西太多反而会不断地掌控我们的生活。生活中的很多物件儿，只要它们存在于那里，就会无时无刻告诉我们："嗨，我在这里!"也就是说，当我们占有一件物品时，同时我们也在被占有着。它们占有我们的金钱，占有我们的衣橱，占有我们的书房，最后占有我们的思维、意识甚至精神。或许，我们会因为多买的一颗钉子扎到脚丫，也可能因为贷款买的车子而让自己不得不将想去旅游的目的地换了一个。那个最初想去的圣地，洗涤心灵的地方，成了自己的念想。

对待事物的占有欲，我们有两种方式去选择：其一，适当地控制；其二，尽量去满足。而这两个截然相反的做法，会将我们的人生引向相反的方向。

美国作家亨利・戴维・梭罗曾经在瓦尔登湖畔，搭建了一个小屋，与世隔绝生活了两年。在小木屋旁，梭罗开荒种地，春种秋收，自给自足。他在湖边垂钓，在船上吹笛，看两只蚂蚁打架，跟飞鸟聊天。每天他都会记录自己看上去简单，实际上却富足的生活。

他这样写道："我愿意深深地扎入生活，吮尽生活的骨髓，过得扎实、简单，把一切不属于生活的内容剔除得干净利落，把生活逼到绝处，简单、简单、再简单。"

因为断掉了物品的牵绊，梭罗才得以在瓦尔登湖做一个真正的自然之子，体会自然带来的无限美好，而后写出了《瓦尔登湖》这样超时代的作品。虽然早在 19 世纪大多人仍在体会工业变革带来的快感，但是在 100 年之后，梭罗与瓦尔登湖成为人与自然最佳的融合样本。

所以，如果一个人不能断掉对不需要的事物的占有欲，就会在拥有所得中沾沾自喜，在占有中扩张自己的欲望，最终使自己成为外物的奴隶。

有一个国王，几十年来兢兢业业治理国家。直到王后去世，他把王位传给了儿子，自己在邻国找到一个幽静的山林，希望在此断掉俗务，颐养天年。

到了山林，他才发现山里的生活并不简单。每天为了果腹，他需要努力抓鱼、捕食猎物。但是，没有工具想要抓捕真是困难极了。于是，他去集市买了弓箭和渔网。果然，因为工具齐全及使用工具的技能日渐娴熟，国王获得的猎物数量与日俱增。越来越多的猎物和鱼虾，国王一个人拿回山洞实在太累。于是，他雇了几个人来帮他搬运猎物，并把吃不完的拿到集市卖掉。很快，这个捕猎队伍被长于治国的国王训练得技艺纯熟，财富与日俱增，经营范围逐渐扩大。

不出几年，国王的身边仆从如云，生活锦衣玉食，跟从前没什么两样了。他所在的小树林也改建成了一个风格低调、依山傍水、风景秀丽的山庄。

虽然国王一直很低调地经营，很多人却通过各种渠道慕名而来，登门拜访，甚至连邻国国王还到此游览一番。直到这个时候，国王才发现，自己归隐的初衷早就不复存在了。

每个人在特定时期都有自己的归属感。年老的国王只想放弃俗务，将自己放逐山林，体会生命的从容。狩猎队伍、与日俱增的财富、风景秀美的山庄都是他不需要的，当他拥有这些时，也就为此所累。所以，即使聪明如国王，占有也会让他沦为俗物的奴隶。

其实，每个人都知道，自己不需要的东西就是没用的垃圾而已，哪怕它价值连城。广厦千间，只住一屋；豪床万榻，只睡一张。每个人生活中的必需品并不多，多余的都是累赘。面对这些俗务，最好的方式就是摒弃。

“习武者执于剑，博弈者执于棋”，你所贪恋的事物最容易成为你的心魔。有些东西看起来好像非有不可，当太想要的时候，其精神重量就会增加，甚至占据我们生活的全部。有一天我们跋涉千山万水，终于获得之时，却发现它并不像我们想象的那么重要。

所以，当我们想拥有某件东西时，不妨跳出局外，冷静思考拥有它的意义及必要性。这样，我们才不会因为拥有而沾沾自喜，也不会因无所得而痛不欲生。也只有这样，我们的人生才不会被诸多不需要的事物占据，成为生命的负担和累赘。

4. 舍——舍弃生活中多余烦琐的东西

圣雄甘地曾经说："简单是宇宙的精髓。"宇宙如此，人生莫不是如此。人生之路上，谁选择了简单，谁就选择了智慧，谁也就离成功和幸福更近一些。

我们一贯的思维习惯是，某样东西我们买下来，不管是否用得到，总是要堆积在家中，不舍得丢弃。通过这种对物质的占有，我们似乎得到了满足。但实际上，我们究竟是得到了还是失去了？

我认识一个刘女士，为方便周末和假期出游，购买了一辆汽车。其初衷是为了方便，当然也包含一定程度的炫耀之心。但在买车之后，她发现要操心很多事情，包括车的养护、保险、加油、停车位，等等。遇到朋友借车，还担心被损害。花费在上面的时间和精力，已经远远超出她的预期。更重要的是，她发现自己和家人出游的次数并不多。

对于刘女士来说，车显然并不是必需品。表面上看，车是因为"方便出游"的需求而购买，而实际上，在买车之后，车制造了更多的麻烦。

其实，生活中的很多东西，看似我们在占有它们，实际我们早已沦落到"被占有"的境地。比如智能手机，我们为了满足沟通、上网、阅读、游戏等各种需求而购买，但在得到智能手机之后，我们大量的时间被手机占用，而这些时间原本可以用来做更有意义的事。

特别是一些家庭主妇，总是喜欢买一些以为用得到、实际却很少使用甚至从不使用的东西，比如为了一个免费的塑料饭盒，购买口味并不喜欢的方便面。这些东西堆积在家中，既占空间又让人看着很不舒服。

这样一来，一个既定的事实是显而易见的，那就是人们的生活越来越丰富，但也越来越复杂。而事实上，越简单的人生，则越充满智慧。

下面的这个故事，最能说明简单之中蕴含的智慧。

小鸟和老鹰是一对好朋友，它们都对未来充满期待。在太平洋东岸已经生活了很久的它们，决定飞到太平洋西岸寻找另一番天地。这个主意定下来后，它们俩就分头开始做准备，并且要比赛看谁先到达目的地。

老鹰算计了一下，认为从太平洋东岸飞到西岸大约需要半个月的时间。在这一路上，需要休息、吃饭、睡觉，所以一定要做充分的准备。为此，老鹰准备了四件东西：有一个大包裹，里面装满半个月的口粮；有一个大水壶，里面装满水；有一个小木筏，是用来休息的；有一个急救包，里面装有各种药品，用于不时之需。

老鹰对自己的准备很满意，可是，当它背起这些东西准备起飞时，却感到很吃力，试了几次都飞不起来。这时候，老鹰想扔掉一些东西，但它左看右看，觉得都是必须要带的。于是，老鹰陷入了一种取舍的痛苦与纠结之中。

但就在这时，小鸟已经出发了，它带上路的就只是一根小树枝。它想，累了就把小树枝放在海上，自己站在上面休息；饿了，就站在树枝上捕鱼；困了，就站在树枝上睡觉。

很快，半个月过去了，小鸟如期抵达太平洋西岸，被眼前的美景深深吸引，开启了一种全新的生活。而老鹰呢，还在老地方纠结着，痛苦着。

生活中的你，是故事里那只什么都想带的老鹰，还是那只轻装出发、简单生活的小鸟呢？其实，随着物质生活条件的提高，人们的眼睛和心灵正在被越来越多的东西所吸引。为此，我们眼花缭乱，已然分不清哪些是真正值得关注的，哪些是并不需要的。这导致我们的人生像是背上了沉重的龟壳，艰难地行走着。很多时候，我们的不成功往往并不是因为我们不够优秀，而是因为我们背负得太多，走得太慢，甚至走错了方向。

圣雄甘地曾经说："简单是宇宙的精髓。"宇宙如此，人生莫不是如此。人生之路上，谁选择了简单，谁就选择了智慧，谁也就离成功和幸福更近一些。

5. 离——远离浮华名利的诱惑

我们对待诱惑最好的方式就是，能离多远就离多远，不要和诱惑较劲。永远不要开始第一次尝试诱惑，哪怕是看上去微乎其微的诱惑。因为，诱惑就像毒品，一旦有了第一次尝试，一辈子就会被其蛊惑。

无论年纪大小、智商高低、手握重权还是势微言轻，诱惑面前人人平等。但是，一个人成就的大小，最终要看远离诱惑的自控力。

一颗糖就足以让小孩子变脸，哇哇大哭或者破涕为笑。对于成人来说，金钱、利益、权位、荣誉就像孩子眼中的糖。只是这些“糖”更加五光十色，芳香醇美，形式多样。沉迷于其中，多数人都会失去本心。

为了权位，兄弟之间可以反目成仇；为了利益，朋友之间可以背后插刀；为了金钱，救命之人可以恩将仇报，鸠占鹊巢。大凡为诱惑所吸引的人，人生戛然而止于被诱惑的那一刻。

佛教中有这样一个关于诱惑和人生的故事。

一个路人在野外走着，突然从前面冲出一头凶恶的大象。他大惊失色，慌不择路之间正好看到一个空井，井旁有棵大树，粗大的树根裸露在外。路人赶紧抓住树根藏身井中。

大象见路人瞬间没了踪迹，狂躁异常，来来回回地巡视着。路人长舒一口气，琢磨着怎么爬出井。这时他发现两只老鼠正啃着救命的树根。环视四周，不知何时水井旁又爬来几条毒蛇，吐着芯子正虎视眈眈地看着自己。路人吓得心惊肉跳，胳膊和手又酸麻不已，低头一看，井中竟然有一条毒龙向上张望着。

前有大象围追堵截，后有毒蛇虎视眈眈，而自己拽着的树根还在被两只老鼠啃噬。游人真是一筹莫展、进退两难。

就在他彷徨之际，树上落下几滴甘甜的蜂蜜，正掉其口中。饮着甘甜醇美的蜂蜜，路人一时竟忘掉自己的困境，满脑子想着再掉下一些蜂蜜就更好了。于是，他摇晃了一下树根，果然又从树上掉下几滴蜂蜜。

原来，树根已经被老鼠咬得松动了，导致树身倾斜。在路人的摇晃下，更多的蜂蜜从蜂巢溢出。见到蜂蜜掉下来，路人更加忘情愉快地吃起来，浑然忘记了自己身处险境。

随着蜂蜜的溢出，一群蜜蜂蜂拥而出。此时，树根被老鼠啃咬着，大象、毒蛇仍旧上下夹击，等待着即将到嘴的“猎物”。而路人呢，此时却沉浸在蜂蜜的甘甜中，不断地摇晃着岌岌可危的树根。

如同上面的大象、老鼠、毒蛇、蜜蜂一样，所有可以预见的危险和困境并不是真正的危险和困境。因为我们有了心理预警，可以做好措施免于伤害。真正的危险是蜂蜜，如同权力、名誉、金钱，它们看上去甘甜清香极具诱惑力，但是一旦我们沉浸其中，就会忘记了自己身处险境，做出饮鸩止渴的行为，最终毁掉救命之根，再也难以脱身。

这种情形在现实中屡见不鲜：一个小职员为一点儿私利而做出损害集体的事，当他日渐权重，诱惑带来的欲望会吸引他主动做出更大的损害集体的事，直到欲罢不能。直到有一天，警察来了，判决书下来了。所有的金钱、权力、荣誉、地位都成了泡沫。

哲学家叔本华说：“财富就像海水，饮得越多，渴得越厉害；名望实际上也是如此。”虽然我们身体并不需要，但是却渴望至极。所以，追求财富、名利、荣誉的人，从来不会因为获得而满足，只能因为没有获得更多而懊恼、丧气。

拿破仑从炮兵上尉开始自己的军事生涯。他凭借自己的天才，在一次次的胜利中，攻城略地，开疆拓土，最终成为法兰西第一帝国的缔造者。他拥有世人所追求的一切，荣耀、权力、财富、土地，可是他却对情人说：“我这一生，从来没有过一天快乐的日子。”

因为他所拥有的权力，并没有达到他想要的统治整个世界，所以即使他统治了整个法兰西也不快乐。在统治法兰西之后，拿破仑继续征伐，结果遭遇征伐生涯中最大的失败——滑铁卢之战。在这场战争中，他输得一无所有。战后，他的对手布鲁克参观他的宫殿时，这样说："他拥有了这一切，还要征伐莫斯科，真是个十足的傻瓜。"

那些被诱惑所蛊动的人，并不是他们不能拒绝诱惑的本身，而是觉得自己可以足够幸运、足够聪明，能够虎口拔牙，获得成功。如同拿破仑一样，他认为自己身经百战，攻无不克、战无不胜，却不曾料到，自己最终在站得最高的地方一落千丈。

我们对待诱惑最好的方式就是，能离多远就离多远，不要和诱惑较劲。永远不要开始第一次尝试诱惑，哪怕是看上去微乎其微的诱惑。因为，诱惑就像毒品，一旦有了第一次尝试，一辈子就会被其蛊惑。

坚守初心，精神宁静。海伦·凯勒虽然终身又瞎、又聋、又哑，却在书里表示："我发现生命是这样的美好。"当我们在人生中找到最重要的东西时，那些诱惑就显得无足重轻了。这样我们才能不为外界诱惑所动，才能耐住寂寞，走得稳定踏实。

6. 不纠结过去，与不堪握手言欢

不必纠结过去所得，也不必纠结过去所失。王尔德说："每个圣人都有不可告人的过去，每个罪人都有洁白无瑕的未来。"

即使一时的失败或者不幸又有什么呢？这并不妨碍我们继续前行的脚步。

每个人的内心都藏着一条“过去”的路，在那条路上，有人收获的是成功和喜悦，有人遭遇的却是失败和悲伤。其实，不管是辉煌还是惨淡，过去的已经过去，沾沾自喜也好，痛苦纠结也好，已经没有意义。纠结过去将浪费更多的时间和精力，阻碍我们去赢得一个更好的未来。

让我们来看看，下面这个农夫是怎么对待过去的。

有一个农夫，用扁担挑着货物去赶集。扁担一头悬挂着盛满绿豆汤的壶。走着走着，被一块石头给绊了一下，农夫跌倒在地，盛满绿豆汤的壶也摔得粉碎。农夫爬起来，看也不看一眼，继续前行。

不一会儿，有一个人急急忙忙地追上来，对农夫说：“你怎么还走啊？你不知道你的壶破了吗？”

农夫说：“我当然知道，我听见了它掉在地上的声音。”

“那你怎么不转身看看？”

“它已经破碎了，汤也流光了，你说我还能怎么样？”说完，农夫还是一副若无其事的样子，向前走去。

故事里的农夫，面对打碎的壶，没有任何的纠结，而是大步向前。这种不纠结于过去的精神，实在是让旁人惊讶和钦佩。其实，走在人生路上的我们，需要的不正是这样一种精神吗？《功夫熊猫》中有句话说得很好，“Yesterday is history”（昨天已成历史），是的，人不能活在过去，过去已经成为历史，纠结不如前行。

人生路上，谁能够一帆风顺呢？事业也好，情感也好，谁没有遭遇过挫折失败呢？面对这些不愉快的过去，只有学会坦然面对，伸手和这些灰色经历握手言和，才能真正接受过去，放下过去，从而轻装上阵，去开拓一个全新的未来。

演员孙俪坦言，她童年最深的记忆就是父母的争吵。在她12岁那一年，父母的离婚更是让她的心灵受到莫大的创伤。面对这黑暗的人生经历，她是怎么处理的呢？

父母离婚之后，母亲一人带着孙俪生活。当时，母亲是一个商场的售货员，每个月的工资只有一百多块，除了两个人的生活开销，还要为孙俪交学习舞蹈的费用，生活过得十分拮据。为能多赚一些钱，母亲下班后还要到另一个公司做保洁。这个时候的孙俪，看着母亲的辛苦，心里更恨父亲。她不明白，父亲为何要执意丢弃她和母亲，去和另外一个女人生活。

后来，随着在《玉观音》中饰演女主角安心，并凭借这一角色获得观众的认可之后，孙俪名声大噪，也在物质上得到了丰厚的回报。这时候，孙俪立刻让母亲辞掉工作，陪伴在她身边，同时在上海买下一套复式房。在母亲46岁生日那天，于豪华游轮上举办生日宴会。

做这一切的时候，孙俪真的是非常开心，因为她终于靠自己的力量让母亲过上了好日子。但在开心的同时，孙俪却觉得心里很不是滋味，因为她得知父亲和继母已经双双下岗，靠经营一个杂货铺生活，日子过得很是困难。她想念父亲，担心父亲，但同时又恨着他。孙俪每天都陷在这种爱恨交织的情绪中，难以自拔。邓超对孙俪说："父女之间，有什么解不开的仇恨呢？你如果一直这样和他较劲下去，将来你一定会后悔的！”

在祖父70岁的寿宴上，孙俪终于和父亲握手言和、冰释前嫌。在这之后，孙俪放下了对父亲的恨，而是用自己的力量给父亲和他的新家一个更好的未来。她不但给父亲和继母买下房子，还承担起父亲的另一个女儿——她的小妹妹的教育和生活费用。这个时候的孙俪，感受到的只有幸福。她说：“恨一个人，你永远得不到幸福，而爱可以。”

不堪的人生经历，曾一度让孙俪深陷痛苦，而在选择原谅之后，她获得了内心的平静，也获得了幸福。人生中的一切烦恼，归根结底在于不能放下。那些不愉快的往事，就像是沉重的包袱压在我们的心头，让我们在前行的道路上走得又慢又累。

不必纠结过去所得，也不必纠结过去所失。王尔德说：“每个圣人都有不可告人的过去，每个罪人都有洁白无瑕的未来。”没有人不犯错，失误、愚蠢或者尴尬和屈辱是在所难免的。拿破仑虽然宣称战无不胜，他参加的所有战役中，吃败仗也不在少数。而我们呢？即使一时的失败或者不幸又有什么呢？这并不妨碍我们继续前行的脚步。

过去并不见得那么美好，人也不可能十全十美。就算你执着地去寻找曾经的失去，也会发现一切早已物是人非。事实上，只要我们愿意，过去就会成为现在的基石，让我们因过去的沉淀而获得新生。我们在时间的母胎中，慢慢酝酿勾勒，在一次次的遭遇中慢慢刻画成自己的风骨。

没有人能挽留时间，只能在时间中慢慢蜕变。执着于过去那些或美好，或落败，或伤感，或幸福，都只能让自己沦为过去的一部分，再也难有未来可言。而只有那些敢于与过去的不堪握手言欢的人，才能够放下一切，轻装上阵，用坦然的心态去迎接更好的明天。

7. 想开点，别为小事抓狂

不必纠结那些杂七杂八的小事，让心灵得以自由地安放。如果真的想不开，那就为小事打上休止符，强迫自己出去走走看看。当一个人站得高了，看得远了，心也就宽了大了，各种小事杂事也就忽略而过了。

在我们身边，处处可见为小事抓狂的人。对于这类人，英文中有个习惯用语叫 nitpicker，意思是吹毛求疵的人。这个用语是两个词合并而成的：nit 意思是虱子卵，或者说是寄生在人头发和皮肤上的寄生虫；picker 的意思是摘东西的人。这两个词放在一起就生动形象起来——捡起小寄生虫的人。

如果一个人把虱子卵捡起来，第一反应都会是立刻扔掉。但是，当一个人在生活中遇到像“虱子卵”一样令人糟糕头疼的小事，却会做出截然相反的选择——把注意力集中在这件糟糕的事情上。

为小事纠缠的时候，一个人会认为自己正义凛然，丁是丁卯是卯，认真极了。不幸的是，认真用错了地方，所以给人感觉就成了刻板不通情理，认死门。一个人为了几秒的小事，浪费掉一小时，甚至几天，实在令人匪夷所思。而在这段时间里，他会心烦意乱，注意力不集中，做事更是毫无头绪，不在状态，容易发火。

长时间为小事所累，眼界肯定是狭隘的。在锱铢必较的日子里，虽然看上去忙碌充实得不得了，但其实只是满地鸡毛，最终除了别人不是很好听的评价之外，抓到手里的肯定没有什么。在这样的日子里，终有一天你会发现，自己竟然变成了曾经最讨厌的模样。而那些本应该努力的重要事情，却在虚度中擦身而过。

我们的一天只有 24 个小时，如果你为小事抓狂 1 分钟，就少 1 分钟的幸福，如果为小事抓狂 1 小时，就少 1 个小时的幸福。如果你的一辈子全用来为小事抓狂，那么这辈子也就错过了。也难怪英国著名作家迪斯雷利说：“为小事生气的人，生命是短暂的。”

生活小事多如牛毛，就像细菌一样无处不在。我们不可能因为细菌的存在，每天无数次为自己消毒。小事也是如此，我们大不必因为某件小事不顺心，而情绪不稳，最终让自己丢掉了珍贵的时光。

有一个妇人，总是为一些鸡毛蒜皮的小事生气，为此她跟家人朋友的关系搞得很僵。她很想改变这个状态，于是一大早就去寺庙里求教得道高僧。

妇人见到高僧道：“大师，为什么我总是为一些小事烦恼生气？这到底是怎么回事？”

高僧听后笑而不答，对她说：“施主，请跟我来。”他把妇人带到了柴房的门口。“请进。”高僧说。

妇人疑惑地走进柴房，她不知道高僧想要做什么。就在她进柴房的瞬间，高僧立刻关上房门，妇人一见大骂起来。“死和尚，赶紧放我出去！”

高僧摇摇头，走了。

过了一个时辰，高僧来了，问她：“还因关柴房生气吗？”

“不生气了。”妇人回答说。

“为什么不生气？”

“气也没办法呀！你想放我出去的时候我就出去了。”

“看来你还是纠结为什么被关柴房。现在看上去没事，实际上是压抑在心里，爆发后仍会很剧烈。”高僧笑着说道。

过了两个时辰，高僧又来了。

妇人说：“大师，我不想知道为什么被关柴房了，因为这根本不值得思考。”

“还在衡量值得不值得，看来气还没有断根呀。”高僧说完又走了。

夕阳的光线打在柴房上，高僧端着一杯茶来到柴房外面。

妇人问：“大师，何为气呢？”

高僧顺手洒掉了茶水。妇人看了发愣好长时间，顿悟，拜谢而去。

在故事中，被关进柴房的妇人，烦恼了一个时辰，明白了只能顺其自然；过了两个时辰，明白了这件事根本不值得纠结；一天过去了，最终顿悟。关进柴房就像泼出去的茶水，只是事实发生了而已，就像一片叶子落了，一只鸟飞过一样，我们不去管它，就会像从来没有发生过一样无踪影了。

现实生活中，我们不必纠结那些杂七杂八的小事，让心灵得以自由地安放。如果真的想不开，那就为小事打上休止符，强迫自己出去走走看看。当一个人站得高了，看得远了，心也就宽了大了，各种小事杂事也就忽略而过了。

美国总统林肯说：“摧毁敌人最好的方法，就是把他变成朋友。”而摧毁为小事抓狂的最好方法，就是不把小事放在心上，任其消亡。大多数小事在时间的推移下都会慢慢消失，最终变得不值一提。在未来几年、几十年，此刻正在困扰你的小事，即使你费尽心思去回忆，可能也回忆不起来。

Chapter 8

自己的内心不强大，谁也给不了你安全感

Zhebeizi
Henduan
Buyao
Weibieren
Erhuo

1. 安全感跟饭量一样，人各有异

每个人需要的安全感量级是有区别的。由于每个人成长的环境和生活阅历不同，所以他们看世界的方式也不同，所产生的安全感自然就会有差异。就像有些人天生瘦小，但是食量惊人，有的人膀大腰圆，偏偏吃得很少。

“我是一个没有安全感的人”，类似这样的话似乎越来越多地出现在我们的耳边。那么到底什么才是安全感呢？百度百科中的解释为：安全感是对可能出现的对身体或心理的危险或风险的预感，以及个体在应对处事时的有力或无力感，主要表现为确定感和可控感。从心理学角度分析，安全感最早见于弗洛伊德精神分析的理论研究著作中。

在这个世界上，每个人都需要安全感。与此同时，现代人大都缺乏安全感。关于安全感，每个人的理解不同，获取它的途径也各异。不过，那些内心缺乏安全感的人，他们最常见的表现多为不自信，焦虑，患得患失，过于在乎他人的想法……

比如，很多情侣中的一方会因为内心缺少安全感而分手，而另一方却全然无感。正因为一个人无法感受到另一个人“安全感”的需要，所以很多时候“渴望安全感”甚至会变成“矫情”的代名词。其实不然，安全感强调的是个体感受，有人坐在宝马车里还哭，有人坐在自行车后座上还笑。这里我们不谈论价值观，单就安全感而言，个体差异就如同饭量一般，每个人都不一样。

有这样一个故事：一个男人上有老下有小，为照顾老人的生活起居，妻子只能在家做全职太太。他则负担赡养双方老人、供养子女的经济费用。这个男人每个月工资5000元，再加1000元左右的兼职外快，这个家庭所有收入不足7000元，但他却完全没有别人眼中那种应该有的压力和痛苦，反而每天十分开心自在。

问及原因，原来多年前他和妻子在印度旅行，曾亲眼看到一位母亲拿着割肉刀割下孩子的手臂。不是因为疾病或是仇恨，只是因为要行乞，不然没有面包填饱肚子。他说：“以前在面对压力和困难时，我也曾退却，妻子也曾说没有安全感。但是归国以后，无论生活中面对什么样的苦难，我和妻子都觉得不算什么。”是的，还有什么能比割掉手臂换取面包更惨的事情吗？

安全感是人的基本心理需求。美国著名心理学家马斯洛将人的需求分为五个层次，生理需求、安全需求、社交需求、尊重需求、自我实现需求。在满足了最基本的生理层面后，安全需求则是首要的需求。而安全感犹如幸福感与快乐的体验，每个人千差万别。如果在一个爆炸接连不断、人身安全都不能保障的国家，一个人对安全感的需求更加急切。从那里归来的人，能安全地活着就能感到幸福。

确实如此，每个人需要的安全感量级是有区别的。由于每个人成长的环境和生活阅历不同，所以他们看世界的方式也不同，所产生的安全感自然就会有差异。就像有些人天生瘦小，但是食量惊人，有的人膀大腰圆，偏偏吃得很少。不少人为了内心的安全感，拼命地占有物质财富，他们认为只有这样才能让自己感觉安全。

然而，是否占有的物质财富越多，安全感就会越强呢？

还记得渔夫和金鱼的故事吗？一个终生靠捕鱼为生的穷苦老汉，因为捕到一条神奇的金鱼，生活发生了一系列的改变。在老太婆不断的要求下，家里的旧木盆换成了新木盆，原本破旧的草房变成了砖瓦房，再变成城堡、宫殿。从此，穷苦的老太婆变成了超级贵妇，享尽奢侈与荣华，但她仍然不知满足，对小金鱼的要求更是得寸进尺。最后，在小金鱼的一怒之下，老太婆又变成了守着破草房与破木盆的穷老太婆。

相对于老太婆的贪得无厌，街头流浪汉们往往是只要吃饱便无欲无求。有很多流浪汉，他们醉心于自由自在的生活方式，虽然他们过着衣不蔽体、风餐露宿的日子，但内心却感到满足、快乐。而又有多少生活富贵的人，他们住着豪宅过着奢华的生活，内心却依然感到孤独不安。毫无疑问，这是一个值得深思的问题。

2. 把安全感寄托于身外之物，就会陷入不安之中

安全感的满足需要以物质为基础，然而当一个人将安全感完全寄托于身外之物时，将会使内心陷入更大的不安之中，甚至导致各种悲剧发生。

在这个安全感极度缺失的时代，每个人都在寻找安全感。很多人认为，安全感与物质有关，于是他们开始用物质来填充内心的安全。比如，有人认为拥有足够多的金钱就有安全感，于是他们拼命地挣钱；有人认为拥有一个大城市的户口就安全，于是他们为了一个户口不择手段、不惜代价；也有人认为拥有一套足够大的房子才安全，于是他们倾其所有，顶着每个月还巨额贷款的压力买了不必要的大房子。

从某种意义上来说，金钱、物质确实能够给人带来一定的安全感。比如，中国有一个极具暧昧色彩的词叫“私房钱”，即指夫妻双方中某一方私藏下来的钱，以备不时之需，或在遭遇婚姻不幸时用这笔钱暂渡难关。然而，事实并非总是如此。很多时候，当一个人的生命中除了金钱还是金钱时，他们内心获得的并不是安全感，反而是空虚与恐慌。

在热播剧《北京爱情故事》中，杨紫曦与吴狄分手。当吴狄质问杨紫曦为什么与自己分手时，她将新欢所购买的奢侈品一件件摆在桌上。“因为，你给不了我这些名牌，你给不了我三元桥的房子，你给不了我北京户口，你给不了我春色撩人，就这么

简单！”

追求“这么简单”物质的杨紫曦真的幸福了吗？因为父母离异，杨紫曦少年时的生活是在穷困中度过的，她始终感觉自己缺少安全感。成年后的杨紫曦一直认为，物质可以给自己带来足够强的安全感。然而，当她真的得到物质上的满足后，她想象中的安全感并没有到来。最终，连最爱自己的吴狄，也一去不复返了。

物质上的满足或许能带来短暂的安全感和满足感，但是如果把安全感全然寄托在身外之物，则极容易令人陷入惶惶不安之中。有些女人天生缺乏安全感，所以她们总希望自己能够嫁个有钱的男人。其实，女人想嫁给有钱人，也无非为了不需要自己奋斗，就能够过上衣食无忧的生活。可是，女人们真的能够心安理得地享受这种不劳而获的好日子吗？当然不能。既然你的好日子是别人给你的，那么别人也有可能随时把它拿走。此时的你，也许早已人老珠黄，你又靠什么立足？所以说，一个人提心吊胆地过别人赠予的好日子，倒不如提升自我能力，强大自我内心，自己让自己过上好日子。

无独有偶，红极一时的《蜗居》也是描述了这样一个悲剧。海萍为追求一套安居的房子，终日与丈夫吵来吵去，平凡的日子被巨大的阴影笼罩着。为了达到这样一个能够带来安全感的目的，她牺牲的是平凡生活的快乐，甚至使妹妹海藻为之牺牲了终生的幸福。如果不是为解决海萍的烦恼，海藻何至于一步步走向宋思明的怀抱，进而沉沦，最终错失男友小贝？

诚然，安全感的满足需要以物质为基础，然而当一个人将安全感完全寄托于身外之物时，将会使内心陷入更大的不安之中，甚至导致各种悲剧发生。套用鲁迅先生的一句话来说，其实世上本没有安全感，想的人多了，也就有了所谓的安全感。于是，越来越多的人用填充内心物欲的方法来建立自己的安全感。

其实，我们一直在追求的安全感，犹如流动着的空气，充盈着我们的身体与灵魂，当我们的精神足够充实、内心足够自信时，安全感自然会在我们的内心油然而生。

所以说，安全感并非寄托于身外之物，而是源于一个人的自我认同。比如，当两个人拥有同样多的物质财富时，自信的人往往会比自卑的人更具安全感。

那么，何为自我认同？所谓自我认同，即个体对“过去我”、“现在我”、“将来我”所产生的内在连续性，也是个体“现实自我”、“真实自我”、“理想自我”之间一致性关系的体现。概括来说，自我认同是自我意识的重要组成部分，是人区别于动物的显著特征。一个人只有建立了完善的自我认同，他才能够知道“我”是谁，我在社会上应该占什么地位。

总而言之，安全感并非建立在物质之上，而是源自于我们的灵魂。当一个人对自己具有足够清楚的认识，当他的内心足够强大时，哪怕此人正处于山崩地裂的险境，他的内心也依然淡定、恬然，此时他的内心就是安全的，丝毫不被外物所动。

3. 若弄丢了自己，即使得到整个世界，也得不到安全感

人生最大的悲哀就是在追求所谓成功、幸福等理想的过程中迷失了自己。因为，一旦我们弄丢了自己，即使拥有了全世界，

我们的内心依然缺少安全感。而一个缺少安全感的人，又有何快乐、幸福可言呢！

“输了你，赢了世界又如何?”想必很多人都听过这句话。这句话给我的感觉，仿佛是失去了爱情便失去了全世界。然而在现实中，我们必须要明白，爱自己比爱他人更重要。如果一个人不小心弄丢了自己，即使得到了整个世界，其内心依然缺少安全感。

《射雕英雄传》中的欧阳锋大概无人不晓，名震一方、武功了得的他可谓独步武林。然而，欧阳锋为了追求更高的武功《九阴真经》，最终中了黄蓉的计谋，变得神志不清。曾经的风光不再，欧阳锋在走火入魔时不断地追问自己：“我到底是谁?”

“我到底是谁?”当一个人连自己都不认识的时候，又何来安全感？这样的例子似乎故意夸大。其实，在现实中因为执迷不悟而丢失自我的例子比比皆是。比如，有人为爱情而活，将心灵的寄托全然放在爱人身上，一旦爱人离去，便万念俱灰。也有人一味地追求金钱财富，并不断放大物质带来的安全感，使自己在纸醉金迷中失去本真的自我。

江苏省一局长朱某因贪腐落马。对此，他给出的解释是“穷怕了”。因为小时候家境贫寒，养成了过于看重钱的“毛病”。受贿500多万元的他，与此同时又非常吝啬，为了省汽油钱，坐公交下乡买豆腐，平时穿着也不讲究，都是掉色破损的旧衣裳。近乎葛朗台式的贪官，在不断积累财富和权力的过程中，渐渐忘记了原本出身贫寒的自己到底是谁。

在日常生活中，我们经常会看到一些人，由于受早年生活或某种特殊经历的影响，总感觉自己内心缺少安全感，于是他们开始把安全感依托于物质、金钱、友情、爱情等外物之上。正如朱某，由于小时候的贫寒经历，导致他对“贫穷”产生了惧怕、恐慌感，并最终留下了“看重金钱”的后遗症。

古往今来，因物欲的贪婪而迷失自我的例子不胜枚举。很多人以为，当自己拥有足够多的物质时，就会在内心建立起强大的安全感。然而，事实上并非一个人得到越多就越有安全感，有时候反而变成负担。比如，当一个人得到心仪已久的东西时，其内心往往会更缺少安全感。因为害怕失去，所以他生命中的每一分钟都是在惴惴不安中度过，其内心自然无安全感可谈。

有一对贫穷夫妇，靠捡破烂为生。日出而作，日落而息，晚上对着月亮唱歌，累了便倒头睡觉，日子平淡而快乐。相反，住在对门的富商每天忙忙碌碌，到了晚上还要核对账目，为催债和欠款而发愁。他很羡慕也很纳闷，对面的穷苦夫妇为什么那么快乐?

富商的伙计说，想要他们不快乐我有办法。于是，这个小伙计在富商的授意下，悄悄地在穷人家放了一罐金子。果然，第二天富商没有听到他们愉快的歌唱。

原来，这对贫穷的夫妇因为突然捡到一罐金子，而变得惴惴不安。如果花出去舍不得；投资做生意吧，又怕亏损；放在家里吧，又觉得放哪里都不够安全，担心会被人偷走……于是烦恼由此而起，再也快乐不起来了。

所以，人生最大的悲哀就是在追求所谓成功、幸福等理想的过程中迷失了自己。因为，一旦我们弄丢了自己，即使拥有了全世界，我们的内心依然缺少安全感。而一个缺少安全感的人，又有何快乐、幸福可言呢！

很多时候，一个人内心的贪念就像不断充气的气球，越来越膨胀。当这个气球饱胀到一定的极限时，必然会爆炸。而这个时候，人内心的信仰将会无所依存，并最终在毫无依托中迷失方向，丢失自我。

总之，自我迷失是一件很常见的事情，甚至我们会在很小的一些事情中迷失自我。不过，人生中的各种局面都具有可扭转性，即便你真的迷失了自我，也并不说明你的人生就终生不济，从此与快乐、成功无缘。要知道，人的潜能是无限的，只要你能够积极调整心态，修正内心消极而错误的观念，让自己在正确的方向上持续前行，总有一天，你将会重拾迷失的自我，使自己失而复得的人生更绚丽、更精彩。

4. 真正的安全感，永远来自于内心的独立和自足

人生本来就不安全，这是一个事实。在这个世界上，没有什么东西是必须属于谁的，财富是如此，名誉是如此，情感更是如此。真正属于自己的，只有自己的一颗心。

活在这个严重缺乏安全感的世界，每个人都寻求着安全感。比如，婚姻适龄女性常常被问及一个问题是：“你想要找一个怎样的男人？”而女性的回答多半是：“一个能给我安全感的男人。”可是，来自别人的安全感，真的可靠吗？如果这个今天给你安全感的男人在未来的某一天突然离你而去，你将如何安置自

己的内心和生活？在这个离婚率不断攀高的年代，这样的事情并不新鲜。

依赖别人是一件很舒服的事情，但是，别人给的安全感永远都不会是绝对可靠的，真正的安全感永远来自于自己，来自于内心的独立和自足。正如知名演员、导演徐静蕾所说："我才是自己的安全感。"

年轻时候的徐静蕾，也曾是一个试图在外界寻找安全感的人。19 岁那年，差点为一个男人跳了河。但是，这个为情所伤的女子，在看透外界安全感的不可靠之后，选择了自己给自己安全感。

如今的徐静蕾，与其说是一个明星，不如说是一个才女。她写得一手好字，好到方正竟然找她专门做了一套"方正徐静蕾简体"字库，放在网上给人下载。尽管是有偿下载，下载量还是大得惊人。

2006 年，博客兴起，徐静蕾成了博客女王，也成为全球首个点击超过 1 亿次的博客主。2007 年，徐静蕾主编办《开啦》电子杂志，到 2008 年 1 月 10 日，杂志单期平均在线阅读及下载量超过每月 800 万次，广告客户更是包括高姿、佳能、连卡佛、雪佛兰、丰田等。

女人最怕的莫过于老，但徐静蕾喜欢别人称自己"老徐"，她觉得"老"不仅是年龄，更是一种江湖地位。

对于爱情，现在的她也有了一种更加成熟的看法。她说，一个人、一件事、一段情都是暂时的寄托，能够与我们相伴终生的，只有自己。

可以看得出，现在的徐静蕾，是一个极具安全感的人，这种安全感不仅来自于物质基础的丰厚，更来自于内心的独立和强大。她那曾经稚嫩的一颗心，在走南闯北、饱经风霜之后，变得笃定而坚强，足以支撑她去面对人生路上的风风雨雨。

反观现实，我们都在被安全感的缺乏所困扰。年轻人因为买不起房子而焦虑，老人因为怕生病治不起而焦虑，有钱的企业家们则为企业管理、资产增值而焦虑。甚至包括很多“富有”的女性，她们拥有豪宅、名车，还有事业有成的男人，但内心仍然焦虑不安。不得不让人感慨，这是一个焦虑横行的年代，人人自危。可是，我们的安全感到底去哪儿了？说到底，就是因为我们把安全感的建立寄托于外界，而不是一个强大的内心。

其实，安全感的本质不是你真的安全、绝对安全，而是你不害怕风险。想想看，今天的你能预测到明天的命运吗？人生原本就是一场未知的旅途，走在路上的我们，看似安全，实际都面临着随时会降临的各种风险，就像 2015 年 8 月 12 日夜里天津发生的特大爆炸事故，让多少人在黑夜之后再也看不到升起的太阳。所以，我们能做的就是建立一颗强大的内心，珍惜今天，挑战明天。

居里夫人曾经说过，当你理解并接受了焦虑，并学会了和它相处之后，你才能建立起真正的安全感。没错，要想安全，请先直面生活中的不安全吧！人生本来就不安全，这是一个事实。在这个世界上，没有什么东西是必须属于谁的，财富是如此，名誉是如此，情感更是如此。真正属于自己的，只有自己的一颗心。

古人云：“生于忧患，死于安乐。”谁能够化不安全感为动力，谁就能在自己的人生路上活出精彩，也活出一颗强大的心。相反，如果我们在不安全感中战战兢兢，在日复一日的担忧中度过，等待我们的只有真正的不安全。

5. 唤醒你心中的巨人，你会活出不一样的自我

我们每个人的体内都蕴藏着一种未曾启用的特殊才能，这种才能犹如酣睡在我们体内的巨人，只要我们能够找到唤醒他的密码，他就能发出巨大的能量。

每个人的心中都曾经有过绚丽多彩的梦。有人梦想自己天赋出众，能够做出令人刮目相看的成绩；有人梦想自己能够走进成功者的行列，创造出属于自己的美好人生；有人希望自己能够成为富人，享受高品质的生活。

然而，在各种挫折及琐碎生活的消磨中，很多人的梦想逐渐破灭，于是变成了没有梦想、没有追求的人。他们茫然无措地行走在众人之中，过着与他人毫无两样的生活，根本不知道自己是别人，还是别人就是自己。

哲学家周国平说："真正的成熟应当是独特个性的形成，真实自我的发现，精神上的结果与丰收。"所以说，一个人要想活出不一样的自我，就要具有一种独立思考、认识自我的能力，并用这种能力唤醒心中的巨人，令那些曾经不看好你的人对你刮目相看。

有一个口吃的小男孩，他的梦想是当一名传教士。当他向父亲说起自己的梦想时，父亲劝导他说："你最好从事不必在公共场合露面讲话的职业。"后来，小男孩又向身边的朋友说起自己

的梦想，朋友嘲笑他说：“你讲一个词，需要花费半分钟的时间，连完整说好一句话的能力都不具备，没有人会愿意听你长篇大论的。”

面对父亲的不理解和朋友们的嘲笑，小男孩暗暗对自己说：“我不会一辈子这样的。总有一天，我能够流利地讲话，而且讲得比任何人都好。我相信，我能够做得到！”

为实现自己做传教士的梦想，小男孩每天到农场的鸡棚中与小鸡们说话。他把小鸡们想象成一个个人，想象自己正在向众人致辞。刚开始时，小鸡们总是被他的讲话声吓得四处乱跑；渐渐的，当小鸡们听到他的声音时，总是好奇地打量他，好像被他的声音吸引住了；再后来，小鸡们开始喜欢上他的声音，甚至表现得如痴如醉。

得益于长时间的发音练习，小男孩的语言表达能力越来越强，他发现自己在小鸡或其他牲畜面前说话，竟一点都不口吃。为此，小男孩重拾自信，深信在众人面前也能说得同样好。

男孩长大后，拥有一座宏伟壮观的教堂，成为众人公认的最能说会道、最令人无法抗拒的传道士之一。当他在教堂传教时，没有人知道，在他很小的时候，曾经是一个被父亲否定、被众人嘲笑的语言障碍者。

这个男孩是如何克服自身缺陷的呢？其根本原因是，他用超强的自信心唤醒了心中的巨人，以帮助自己渡过了难关，从而活出一个不一样的自我。

当代学者于丹说：“世俗的评价，并不能反映一个人真正的质量，对自己的评估，只有自己的内心能做出最准确的回答。”不要让他人喧嚣的观点掩盖了你内心真正的声音，勇敢做自己，不要让所谓的肤浅之言泯灭了自己内心的磅礴。

有一个叫崔万志的人，由于出生时难产，脐带绕颈导致缺氧，最终造成行走不便，语言不畅。凭借刻苦学习，成功考入大学，但是由于身体残疾，毕业后找不到工作。他摆过地摊，开过书店、网吧。在经营网吧期间，开始接触互联网电商。2007 年他投入 20 万元，在淘宝网开起网店。然而，由于缺少经验，到了 2008 年春节，他这 20 万元就赔光了。

面对沉重的打击、家人的劝阻，崔万志没有消沉，重新出发，创立了自己的品牌，成为首批进驻淘宝商城的服装品牌。2008 年，他的网店实现销售额 100 万的突破，扭亏为盈。2015 年 4 月 27 日做客《超级演说家》，崔万志打动了在场的所有人，身为残疾掌柜，他的网店一年进账已达 5000 万。

人生有时就是这样，如果你坚信自己能够做好一件事，并坚持不懈地做下去，那么你不想成功都很难。然而，很多时候我们对自己缺少准确的判断，而且我们对自己的看法很容易受他人、受环境等外界因素的影响。比如，当别人对你持讽刺、否定的态度时，你也开始认为自己不行，认为自己根本不是成功的那块材料。当人生处于某个低谷时，你不是勇敢地为自己打气，而是让自己在绝望中自行灭亡。可以说，正是因为对自我的否定与不信任，很多人的梦想都死在成功的路上。

其实，我们每个人的体内都蕴藏着一种未曾启用的特殊才能，这种才能犹如酣睡在我们体内的巨人，只要我们能够找到唤醒他的密码，他就能发出巨大的能量。而大量实践及事实证明，自尊心及自信心正是唤醒这个威猛巨人的良方。当一个人对自己有足够的信心时，他的体内将会释放出取之不尽、用之不竭的能量，甚至会令无数看似不可能的事情发生。这正如一句话所说："你认为你能或是不能，你都是对的。"

所以，一个人要想活出不一样的自我，就要对自己有足够的信心，并用自信唤醒心中酣睡已久的巨人，使他释放出前所未有的能量。

6. 无论你多爱一个人，都不要寄生

每个人都在为爱而活。如果把爱拿去，整个世界就会变成一座坟墓。爱是那么美好，无论是爱情、友情，还是亲情，都让我们陶醉其中。这是我们努力奋斗的理由。然而，我们要时刻明白——爱不是我们依赖的理由。

在生活中，我们常常听到一些人说："我太爱他了，离开他我简直不知道怎么活下去！"可是，这真的是爱吗？

美国著名心理学家派克医生（Dr. M. Scott Peck）曾为真爱下了这样一个定义："爱，是一种为了哺育自身或他人的精神成长而延伸自我的意愿。"可见，爱的本质应当是促进双方的精神成长，让彼此都成为更加独立、强大的人，而绝不是在相互依赖中变得越来越弱。

有这样一个真实的故事，深深触动了我，在此和大家分享：

一对原本深爱的夫妻，丈夫因故去世后，妻子觉得完全没法儿活下去，她觉得全世界都不存在了。望着空荡荡的家，她感觉到无比的孤独、绝望和悲伤，痛苦地想要自杀。于是，她决定去

拜访一个出色的心理医生。

她对心理医生说："我实在太爱他了，没有了他，我不能再活下去。"

"你知道吗？你根本不爱他！"心理医生的回答让她惊讶又愤怒。

"你这是什么话？没有他我都觉得没法儿活下去了，我可以为他去死！你竟然说我不爱他！"她一脸愤怒地说。

心理医生又问："你知道什么是寄生吗？"她愣住了。

心理医生继续解释说："当你需要靠着另一个人而活下去，你便是一个寄生者。在你们的关系里，没有选择，没有自由。爱应该是自由的选择。爱情里的每个人，都应该是独立的。"

心理医生最后说了这样一句话："无论你多爱一个人，都不要去寄生！"这句话像闪电般击中了她。在这之后，她试着去成为一个独立的人，一个不依赖任何外在的人。

或许，爱离不开依赖，但爱的本质绝不是依赖。正如这个故事中的心理医生所言，爱情里的每个人都应该是独立的，换句话说，只有两颗独立的心才能支撑起一份真正的爱。不过，在现实中我们常常会发现，人们喜欢依赖，也习惯了依赖，就像上面故事里的这个妻子一样。

其实，在两个人相爱的过程中，当你的一颗心选择了依赖，实际也就选择了脆弱，你越是依赖，你的心也就越脆弱。依赖是一种习惯，当这种习惯在你的心底生根发芽，你就很难再去适应一个人的独立生活。

现在有很多女人，把男人和家庭当作自己生命的全部，不得不说，这表面上看是一种无私的奉献，实际上则是一种高度的依赖，在这种依赖里，女人会逐渐丢失自我。仔细想想，一个连自我都没有了的女人，又怎么能奢望得到男人的真爱呢？有谁会去爱上一个没有独立精神的躯壳？

一个人只有心理强大，才能摆脱寄生和依赖，才更值得众人爱戴。至于什么叫心理强大，下面让我们看一则哲学家苏格拉底的故事，相信你会得出自己的答案。

公元前399年，苏格拉底被指控不敬神和毒害青年，被雅典公民大会判处死刑。这样的判决当然是不够公正的，他的朋友曾到牢中劝他逃走，但苏格拉底严词拒绝了。最后，面对毒酒，他不仅毫无畏惧地一饮而尽，甚至还安慰起爱他的朋友来，一再劝在场为他流泪的朋友们要勇敢些，再勇敢些。

在死亡面前，没有任何一丝一毫的畏惧，苏格拉底用从容赴死告诉我们，这才叫真正的心理强大。苏格拉底的强大内心，是我们可望而不可即的，但这仍然对我们具有重要意义。

这意义是什么呢？当我们在对别人的依赖中变得越来越弱时，当我们根本无法相信自己也可以独立和强大时，苏格拉底式的心理强大告诉我们，没有不可能，一个人心理强大的程度完全可以超出自己的预期。

在这个世界上，每个人都在为爱而活。如果把爱拿去，整个世界就会变成一座坟墓。爱是那么美好，无论是爱情、友情，还是亲情，都让我们陶醉其中。这是我们努力奋斗的理由。然而，我们要时刻明白——爱不是我们依赖的理由。

别忘了，一个内心真正强大的人，才是值得亲朋去爱，也是更懂得去爱亲朋的人。

7. 随遇而安，一切都是最好的安排

人生就像一场旅行，我们不知道路上会遇到什么糟糕或美好的事情，我们所能做的一切就是顺其自然。《少年派的奇幻漂流》的作者扬·马特尔曾说："无论生活以怎样的方式向你走来，你都必须接受它，尽可能地享受它。"

人生路上，充满了各种的变幻莫测，有此一时的一帆风顺，也有彼一时的一路坎坷，所以，我们要学会随遇而安，学会用一种淡然的心境去面对人生。

关于随遇而安，有这样一个极富哲理的小故事：

很久之前，在一个寺庙里，住着一个老和尚和一个小和尚。有一天，小和尚指着寺庙里一片枯黄的草地对师傅说："您看，这些草又枯又黄，太难看了，应该再种些花为好。"老和尚面不改色地说："随时。"

有一天，老和尚给了小和尚一些花种，让他去种到院子里。小和尚接过师傅的花种，正开心地往外走，却被门槛绊了一下，一下摔倒在地，花种也洒落一地。于是，小和尚赶紧拿来一个扫把，正要扫，却突然刮起一阵大风，种子被风吹走了很多。这时，小和尚大喊："不好啦，不好啦，种子都被风吹走了！"老和尚说："没关系，被风吹走的大都是空种子，即便种上也不会发芽的。"还意味深长地对小和尚说："随性！"

小和尚把剩余的种子都种上了，可是刚种好，一群小鸟就不

停地啄着。小和尚急得抓耳挠腮，对师傅说："天呐，种子要被小鸟吃完了！"老和尚却说："没关系，随遇！"

这一天夜里，突然下起大雨，次日一早，小和尚赶紧去看播种的草地，发现已经被大雨冲得面目全非，小和尚一边往禅房走一边大喊："师傅，不好啦，种子都被暴雨冲走了！"老和尚却微笑着说："没关系，冲到哪里就长到哪里，随缘！"

一个星期后，原本荒芜光秃的地面，长出一片片翠绿色的小苗。就连那些原本没有播种的角落，也泛出丝丝绿意。小和尚兴奋地向师傅报告喜讯，老和尚点头应道："随喜！"

这个小故事告诉我们，人要学会豁达地面对生活，不因为一点风吹草动就惊慌失色，不因为一点坎坷波折就自怨自艾。人生是一场未知的旅途，每个人在自己的人生路上都会遭遇各种的始料不及，但我们最好的选择就是接受它、爱上它，因为一切都是最好的安排。

苏轼在一生中数次被贬，可谓坎坷，但他都能做到随遇而安。

公元 1094 年，即宋哲宗绍圣元年，58 岁的苏轼被贬惠州。但是，骨子里的乐观仍然驱使着苏轼去寻找生活的乐趣。

在惠州，苏轼没有专门的官邸，寄居在惠州嘉佑寺，听说东弥陀寺后面有座松风亭，风景不错，就准备去游玩一番。可是，毕竟是快要 60 岁的人了，走着走着，苏轼就感觉体力不支了。他很想找个地方歇歇脚，但一眼望去，觉得前方的松风亭才是最好的歇脚处。不过，松风亭还远远地在树林末端，这可怎么办呢？

苏轼陷入了犹豫之中，他想继续走，赶紧去一览松风亭的美景，但体力却在抗议，急需休息。正在他感到进退两难时，一个想法突然出现在脑海："此间有什么歇不得？"心里想通了，瞬间就释然了，于是就干脆坐在地上惬意地看起风景来。

其实，在此次被贬之前，也即公元 1083 年，苏轼因为"乌台诗案"被贬黄州，在抵达黄州时，他还处在一个舔舐伤口的阶段，但就是在这种心境下，当他看到温柔的月光投射进窗子，禁不住披衣起床，走进月光的怀抱，写下了"庭下如积水空明，水中藻荇交横，盖竹柏影也"。

随遇而安，哪怕陷入冷清的夜晚，你一样可以发现内心的风景。不管人生遇到怎样的坎坷，我们都应该学会珍惜当下，享受当下。既然这是命定的安排，任何的反抗都是徒劳的，都只是给自己增加烦恼和痛苦罢了。人生何处没有风景呢？只要我们懂得发现，只要我们有一颗随遇而安的心，走到哪里都能发现人生最好的风景，正所谓"失之东隅，收之桑榆"。

人生就像一场旅行，我们不知道路上会遇到什么糟糕或美好的事情，我们所能做的一切就是顺其自然。《少年派的奇幻漂流》的作者扬·马特尔曾说："无论生活以怎样的方式向你走来，你都必须接受它，尽可能地享受它。"或许这并不容易做到，但仍然值得我们下定决心去努力，只有试过你才能知道自己能不能。随遇而安是一种淡定成熟的心境，是一个心理强大的人面对人生变故做出的最从容明智的选择，是一个人探索自我世界的最好途径。

Chapter 9

每天、每小时、每分钟、每秒钟都不要忘记你的梦想

1. 人生的美好在于不设限

人生的美好就在于不设限，只有冲破自我限制，让自己心中隐藏的“小宇宙”充分爆发出来，你才能够实现任何可能的目标。

我们身边有很多人，总在现实对自己做出判决前就对自己预判了“死刑”。比如，“我身高不足，肯定没法儿站在篮球场上和别人角逐”，“我五音不全，怎么能站在台上唱歌”，“我没有一个能够拿出来可拼的‘爹’，即使再努力也白搭”……难道现实真的如此，真的就没法冲破现实的魔咒、触摸理想的巅峰吗？

当那个驰骋 NBA 球场 14 年，身高只有 1.6 米的蒂龙·博格斯出现时；当那个被众人嘲笑为五音不全的毛头小子周杰伦站在舞台上大放异彩，各种奖项拿到手软时；当草根青年黄渤、王宝强凭借自己的韧劲而成为著名影星时，是否还有人真的怀疑自己，这辈子只能画地为牢、庸庸碌碌地生活？

其实，很多时候你没有别人成功，并不是他们比你强，而是你自己限制了自己。因为自我设限我们相信，无论自己多么努力，始终都不能冲脱命运的牢笼，我们从根本上否定自己的潜能，放弃继续前进的可能。说到这里，不由得想起一个很久以前听到的故事。

在美国，没有人相信一个黑人能够有多出色，很多人都抱着种族偏见对那些皮肤黝黑的人嗤之以鼻。这样一来，很多黑人从小便在自己心里认定，自己与白人不一样，自己不论多努力，也只能是卑劣和下贱的代名词。一个叫比尔的黑人小孩就是这样，他很苦恼但无能为力，他只能接受一切让他看起来很卑微的现实。

有一天，比尔来到热闹的街头，看到大街上人来人往，热闹非凡，却很少有人向他投来一丝温暖的目光。不远处一群小孩正在围着一个卖气球的小贩，他们争相向那个小贩购买各色气球。其实，这样的场景比尔见过很多次，但他终究没有勇气凑过去，因为那些白人小孩很不喜欢他。

这个贩卖气球的小贩也留意到了不远处的比尔，只是一直没有找到什么合适的开场白。这一天，小贩又像往常一样，因为生意萧条，就向天空放飞了几个气球，这样就能吸引附近玩耍的孩子们，他的生意也会随之变得好起来。看到那些气球越飞越高，小贩又看到了驻足在不远处的比尔，他用疑惑的眼神望向天空。小贩很想知道，这个黑黑的小家伙究竟在想什么，于是便顺着比尔的视线看去，原来，在那些放飞的气球里，有一只黑色的气球飞得很高，甚至超越了其他彩色的气球。

小贩知道了比尔的困惑，走过去，摸了摸他的头说：“小伙子，黑色气球也能飞得很高噢，你要相信这一点，因为它能不能起飞，不在于它是什么颜色，而是看它心中有没有想飞的那口气，如果气息足够，那么它就一定会飞向天空。”

这一刻，比尔虽然不能完全明白很多人生道理，但是他非常开心，因为他知道黑色也一样有冲破云天的可能，只要他自己愿意。

在每个人的成长历程中，或多或少都会出现自我设限的情形，这让你看起来像个懦夫，因为你不敢去想，更不敢去做，只因为内心有个声音在不停地告诉你——我不行，我自卑，我害羞……很多时候，自我设限就像一条长长的锁链，让人无法挣脱，甘愿背负着过去由经验而来的枷锁生活，不断地扼杀自己的潜力和欲望，甘愿一直懦弱、卑微地活着，起码不会遭到更大的伤害或者失败。

美国总统罗斯福曾经说：“没有你的同意，没有人让你觉得低人一等。”你完全可以掌控自己的命运，重新规划自己的人生，不必拘泥于自己曾经的经验。人生的美好就在于不设限，只有冲破自我限制，让自己心中隐藏的“小宇宙”充分爆发出来，你才能够实现任何可能的目标，可以看到一个让自己骄傲、他人崇拜的全新的自己。

马歇尔·菲尔德出生在一个农民家庭，为使马歇尔走出农门，父亲把他送到一个朋友的店里做帮工。有一次，父亲路过朋友的店面时，顺便进去看看儿子。父亲和朋友寒暄道：“我儿子怎么样？”朋友笑了笑说：“我们都是老朋友了，我得实话实说，虽然他稳重、诚实，我也很喜欢他，但是他继续待在我的店里，也很难成为一个商人。因为他完全没有经商的潜质，我认为你最好把他带回去，也许让他学学如何挤奶更合适。”

站在一旁招待顾客的马歇尔，听到了老板与父亲的谈话，但他一言不发，只是默默做着手头的工作。马歇尔不认为自己只能跟父亲挤奶为生，他想成为一个成功的商人。在他内心里已经有了一个决定，他打算离开这个店铺，到别处试试。

不久之后，马歇尔来到芝加哥。数年以前，这里不过是一个以印第安人为主的贸易村，而如今却成了一座新兴的城市。这个城市快速的发展，也让很多原来贫穷的年轻人都成了富人，所以马歇尔也想在这里大干一场。每天他都在自问：“如果别人能完成这些精彩的事情，我为什么就不能呢?”

果然，马歇尔成功了。在美国内战期间，马歇尔在芝加哥创立了自己的百货公司，遍布全美有700多家门店。据估测，马歇尔所拥有的财富值相当于今天的661亿美元，2010年，马歇尔在福布斯世界十大富豪榜排名第七。

如果马歇尔听信了那位前辈的断言，并以此为限，那么他估计最多就是像父亲一样，做个勤勤恳恳的农民。然而，马歇尔并不相信所谓的经验和人生律条，而是以必胜的信心去努力，并用成功的事实打破了他人对自己人生的估测及限定。

西方有句谚语说：“每个人的心中都隐伏着一头雄狮。”马歇尔正是突破了自我限制，唤醒了心中的雄狮，所以才爆发出了惊人的潜质，最终成功打造出自己的商业帝国。

马歇尔百货直到今天都挂着这样一条座右铭：“要蔑视一切障碍，要不达完美誓不罢休。”马歇尔用自己的亲身经历验证了它的可信度，你还有理由继续怀疑吗?

从现在起，放弃自我限制，保持不达目的誓不罢休的心态，努力去实现自己的梦想，相信只要你有一颗追梦的心，就一定可以梦想成真。

2. 不要让自己“晚上想了千条路，早上起来走原路”

人生最可怕的不是因尝试而失败，而是因害怕而整日无所事事。不去做，再伟大的梦想也只能是空想。就如马云所说的：“晚上想了千条路，白天起床依旧走原路。”不去尝试，你就注定会失败。

面对梦想，我们缺乏什么？缺少的正是不断尝试的勇气。也许，你总在给你自己规划一条又一条通往梦想的道路，构思着一个又一个完美的计划，但始终没有下定决心去行动。如果一个人怠于行动，再多的创意也只是空想，再多的出路也等于没路。只有勇于尝试和实践的人，才能让梦想照进现实。

当然，那些不敢蹚水过河的人，多半是害怕失败的人。其实，你尝试的结果未必就是失败，即使失败了，也并非没有价值，因为每一次尝试都是为将来的成功做铺垫。若没人敢于尝试，有谁会想到螃蟹可以当作美食享用？可以说，尝试是一种胆量，更是一个人挑战新事物必有的勇气。很多时候，一个人正因为有了它，才能把事情做得更好、更出色。

在众人眼中，马云是一个普通得不能再普通的人。他身高一般，相貌普通，资质平庸，经历三次高考才勉强凭借外语优势挤进大学读书。

按说，马云毕业后能成为一个大学讲师，已经是很好的事情了。然而，时间推移到 1995 年，互联网在中国大地上悄然兴起，这让身处“象牙塔”任教的马云内心升起了一丝涟漪。马云总感觉互联网有一天会改变人们的生活方式，但具体会带来哪些变革，他自己也不清楚，估计当年很多专业人士也并不十分清楚。想来想去，马云还是放不下互联网这个新生事物，隐隐约约地感觉到，这应该就是他将来最想干的事情。

为实现梦想，他叫上当时能够联系到的朋友，一共 24 人，在他的家里开了一个小会，议题就只有一个，他想从大学辞职，做有关互联网的事情。结果是，不管他如何解释、说服，最终举手表决的情况是：23 人反对，仅有 1 人赞成。会议“圆满”结束，而他心里的激动却没有停止。

经过一夜的思考，第二天早上起来，他还是做出了决定，辞职去实现自己的梦想。当时他心里的忐忑是有的，但今天回过头来看，他的确是成功了，而且非常成功。

正是在梦想的支撑下，使马云有足够的勇气做出辞职的决定。也正是因为他敢于尝试自己内心的想法，才赢得最终的胜利。如今他站在互联网行业的制高点，底气十足地说：“今天回过来想，我看见很多游学的年轻人是晚上想想千条路，早上起来走原路。晚上出门之前说明天我将干这个事，第二天早上仍旧走自己原来的路线。如果你不去采取行动，不给自己的梦想一个实践的机会，你永远没有机会。所以我稀里糊涂走上了创业之路。”

马云真的是稀里糊涂吗？是，也不是。如果马云在创业之前，没有千般思考，恐怕也是不敢贸然行动的。但是单有想法不去尝试，可能又是另外一番结局。继续教书的马云，也许同样不愁吃穿，甚至混到教授什么的职位。不过，相比起互联网大亨、中国首富，显然后者更堪称伟大梦想的实现。

虽然并不是每个人都能成为马云，但是为什么不朝着梦想的方向努力一把呢？也许你不能成为中国首富，若一不小心做个全省、全市、全县哪怕是全村首富也不错。人生就是这般，没有梦想的人注定庸庸碌碌。有梦想，但不敢去尝试的人，注定浑浑噩噩。只有那些敢于把任何失败都踩在脚下的实践者，才能成为最后的赢家。

皮尔·卡丹出生在意大利这个富有艺术感的国度，然而不幸的是，他的生活未能与艺术沾边，他的父亲仅是一个靠出卖生活用水为生的农民。家境的贫寒，让他从小就被人取笑。由于过早体会到贫穷带来的艰辛与屈辱，他立志要改变自己的人生。

为改变生活处境，他一次又一次地为自己设定梦想。起初，他曾梦想自己将来能成为一名出色的舞蹈家，于是他贸然退学，到法国巴黎学习舞蹈。皮尔·卡丹没想到，学习舞蹈的费用昂贵至极，而他连在这个城市里生存下去都成问题。不得已，他只能凭借从父母那里学到的一点裁缝技术，在一家裁缝店找了一份工作糊口。

梦想受挫的他，一度想到结束自己的生命。后来，他有幸认识了被称为芭蕾音乐之父的布德里先生。在布德里的开导下，皮尔·卡丹放弃了自杀的念头，并且重新找到了自己的努力方向。看来，舞蹈的梦想是不行了，他只能在裁缝这一行努力了。也正因为他的多次尝试，并选对了努力的方向，这不仅让他成为当今世界最有名的“裁缝”，而且还拥有了令人瞩目的亿万财富。

每个人的面前都有千百个机会、千百条通往成功的道路，究竟哪个才能最终成就你？其实谁也不知道，关键是要有敢于尝试的勇气。就如英国思想家培根所说的：“如果问人生最重要的才能是什么，那么回答是：第一，无所畏惧；第二，无所畏惧；第三，还是无所畏惧。”在实现梦想的道路上，只要不畏失败，不患得患失，勇于尝试每一个有可能成功的机会，那么，实现梦想就是早晚的事。

人生最可怕的不是因尝试而失败，而是因害怕而整日无所事事。不去做，再伟大的梦想也只能是空想。就如马云所说的：“晚上想了千条路，白天起床依旧走原路。”不去尝试，你就注定会失败。只要你永远保持尝试的勇气，从不害怕再试一次，就总会有出头之日。

3. 坚持做自己热爱的事情，时间会给你最好的答案

一个人要想有所作为，就一定要清楚自己热爱什么，并坚持做自己热爱的事情。你只需耕耘，不必问收获，时间会给你最好的答案。

世人在回首往事时，总会发现自己其实已经放弃了当初的梦想，开始随波逐流，这时候还要堂而皇之给自己找一个放弃的理由，那就是为了生活。不可否认，很多时候我们都被生活“潜规则”了，为了生活不得不选择自己不喜欢的事情来做。然而，

为了梦想，我们可以委屈一时，又何必委屈自己一辈子？

人生只有一次，何不去做自己喜欢的事情？因为喜欢，才可以不计成本地付出，因为喜欢，才可以不畏失败、坚持到底。人在年轻时虽然不容易体会到什么是生活的真谛，却能体会到坚持是一件多么辛苦却美好的事情。有人曾说，世界上所有的坚持，都是因为喜欢。

比尔·盖茨曾说："如果你们仅仅是因为这里的薪水而来到这里，就算你有天大的本事，微软也不会留你。来这里上班的人，必须是对这个职业有着像火山爆发一样的热情。"真心热爱你的梦想，并把它变为你的工作，这对于你未来的成长具有决定性的作用。因为喜欢，你会义无反顾地坚持下去。因为热爱，你更清楚自己最想要的是什么。

《圣经》上说："寻找，就能寻见。"所以，一个人要想有所作为，就一定要清楚自己热爱什么，并坚持做自己热爱的事情。你只需耕耘，不必问收获，时间会给你最好的答案。

汉斯在很小的时候就有一个愿望，那就是成为一名音乐家。然而，贫穷的家庭无法给他哪怕是最基本的帮助，更不可能为他买一架哪怕是二手的钢琴。

不过，汉斯并没有就此放弃自己的梦想，他自己想办法制造了一架"钢琴"——用纸板模拟制作的黑白色的钢琴键盘。对于汉斯的行为，周围的人都觉得不可思议，认为这孩子不是傻就是不知天高地厚。

然而，汉斯心里明白自己在做什么。他开始每天在这个纸板钢琴上练习贝多芬的《命运交响曲》。当然，纸键不可能发出声音，他自然也听不到钢琴发出的美妙声音，但是他却十分陶醉，似乎那是一架真正的钢琴。就这样，汉斯整日沉浸在纸板钢琴的练习中，甚至因为练习的时间太久，连十指都磨破了。

然而，时间可以证明，汉斯的努力没有白费。经过纸板钢琴的苦练，汉斯居然可以自己作曲，且很多人喜欢他作出的曲子。终于，汉斯用自己卖曲子赚来的钱买了人生中第一架钢琴。虽然那只是一架破旧不堪、时常发不出声响的二手钢琴，但与之前的纸板钢琴相比，简直就是天地悬殊。

有了这架能够发出声音的钢琴，汉斯的作曲更加得心应手，他也更沉迷于作曲工作之中。有时候，他在梦中有了灵感，梦醒之后他会打着手电筒把曲子记录下来。

汉斯还不到20岁时，就开始在德国及世界乐坛腾飞，并成为好莱坞的电影音乐创作人。在第67界奥斯卡颁奖大会上，汉斯因动画片《狮子王》的主题曲而荣获最佳音乐奖。

如故事中的汉斯·齐默尔，即使命运只给他一张纸做的黑白键盘，他照样能弹奏出最华丽的乐章，只因为他清楚自己真正的梦想。这就是热爱的力量。如若不然，谁能够在纸板上练习钢琴，并且学会作曲，还成就了自己在音乐领域无可比拟的梦想？

有时，命运是强大的，它可以让每个人追求梦想的旅途充满困难和艰辛。不过，命运也是弱小的，它无法决定我们人生的最终结果，因为所有的结果都取决于我们如何做。这正如一句话所说："既然选择了远方，便只顾风雨兼程。成不成功，一切交给时间，它会给你最好的答案。"

4. 梦想成真就是持续做简单且相同的事

梦想不是心血来潮，而是需要我们每天、每小时、每分钟、每秒钟都付出真切的努力，如果坚持每天持续不断地积累，相信不知不觉你的梦想就变成了现实。

很多人都把自己多路出兵、路路惨败归结为事情太难，自己太笨，事实上，人世间真正需要天赋的东西并不太多。比如说英语吧，很多人都喜欢说自己没有语言方面的天分，也有人埋怨自己记性不好。事实果真如此吗？

众所周知，世界上最难学的语言就是我们的汉语汉字。那么，为什么我们能学好汉语却学不好相对简单的英语呢？就在于汉语是我们的母语，我们从小就说、就写，日积月累，不知不觉就会了。而英语，一来不是我们的母语；二来很多人往往抱着今天学、明天就想用的态度，不愿意投入太长的时间去积累。再比如说写作、绘画等需要天赋的领域，其实也离不开持之以恒的精神。福楼拜说过："天才，无非是长久的忍耐！"我们不过是缺了点持之以恒的精神而已。

从前有一个人，病得着实厉害。良医诊断了一下，说需经常吃一种野鸡肉便可以治愈。而这位病人买了一只野鸡，吃完之后，便不再吃了。医生后来见到他了，便问："你的病好了没有？"这位病人答道："大夫您先前叫我常吃野鸡肉，而野鸡肉都是一样的，所以当时吃完一只之后，便不再吃了。"医生又说：“若是吃完了一只，为什么不继续吃下去呢？你现在只吃了一只野鸡，如何能治愈呢？”

这个病人显然不知道“病来如山倒，病去如抽丝”的道理，更不知道很多药物都得按疗程服用才能达到效果。现实生活中有很多这样的患者。我们大多数人都是这样的病人。

梦想成真就是不断地吃野鸡肉。任何人的成功都不可能立竿见影，更不可能一步到位。成功不过是持续做简单而相同的事，只是这个持续的过程非常漫长，或许是一年，或许是十年，甚至漫长得让很多人想想都觉得痛苦，更别说坚持下去了。

曾经听说过一个抱猪上山的故事：很久以前，有一个少年慕名来到少林寺，立志学会盖世武功。但方丈看了看他，并没有教他武功，只是要他每天去山上放猪，并且规定他每天清晨得抱着小猪上山，晚上再把小猪抱回来，而且不准他在途中把猪放下。少年心里不满，但一想这可能是师傅在考验他是不是真心求学，也就照着做了。2 年多的时间里，他就这样每天抱着猪上山下山。突然有一天，师傅对他说：“今天你不必抱猪了，自己上去看看吧！”少年空着手向山上走去，觉得身轻如燕，似乎进入了某种高手的境界。原来那头“小猪”在 2 年多的时间里，早已从几斤长到了 200 多斤！

抱一头几斤重的小猪上山，对谁来说都不是什么难事，难的是日复一日地坚持下去。虽然这只是一个寓言，不一定具备可行性，但水滴石穿、绳锯木断的道理总不会有错。就让我们从明天起，做一个坚持的人，抱着自己生命中的小猪，用心，用耐力，用坚持，抱着它一路前行，总有一天我们也会练成绝世高手。

清朝有位秀才为自己的表兄写过这样一篇墓志铭：吾表兄，年四十余。始从文，连考三年而不中。遂习武，练武场上发一矢，中鼓吏，逐之出。改学医，自撰一良方，服之，卒。翻译过来就是说：我的表哥，活了四十多岁。一开始是从文的，连续考了三年都不中。于是就改习武，在练武场上射了一箭，射中了敲鼓的考官，被赶了出来。又改学医，自己写了一个药方子，吃过以后，死了。

现实生活中，像“表兄”这样的人不在少数。客观地说，这也没什么不好，毕竟“树挪死，人挪活”，对于那些入错了行的人来说，赶紧跳出圈外，找到一份真正适合自己的事业尤为关键。但是像上述故事中的表兄那样，即使他没有“吃错药”，他又能做成什么事呢？

所谓“有志之人立长志，无志之人常立志”，有些人就像那位“表兄”一样，每每心血来潮便开始学这学那，而且初学时总是雄心勃勃，誓要成为世界级高手，开始的时候也往往很刻苦，很认真，但几天下来未见成效，便开始心灰意冷，故伎重演，向另一领域进军。如此三天打鱼两天晒网，数年光阴一无所成已经成为一种必然。

梦想不是心血来潮，而是需要我们每天、每小时、每分钟、每秒钟都付出真切的努力，如果坚持每天持续不断地积累，相信不知不觉你的梦想就变成了现实。世界上没有什么捷径可言，从某种意义上来说，这才是梦想成真的本质。

5. 在贫瘠的土地中开出希望的花儿来

只要心存梦想，并为之不停地努力，即使再平凡的你，也有可能变得不平凡。不足的先天优势就好比一片贫瘠的土地，其上面能否盛开希望之花，完全取决于你如何去耕耘和照料。

我们在很小的时候，就懂得先天优势对一个人极其重要。比如，一个个子矮的孩子总是羡慕那些个子高的，因为他们伸手就可以摘到门前杏树上可口的果实。然而，每个人的先天成长环境各不相同，有好有坏，有富贵有贫穷，有苦难有幸福。谁规定贫瘠的土地就开不出美丽的鲜花？所以，在成长的过程中，也并不排除他们日后调换角色的可能。

那些天山之巅的雪莲，它们生长在极寒、极恶劣的自然环境之下，丝毫没有畏惧，生长旺盛，且花姿卓然，成为人们心中圣洁的象征，更用自己独特的药用价值展现生命的全部意义。你还在抱怨自己生不逢时、天资拙劣吗？虽然你无法改变出生，却可以改变命运。在此之前，你只需要不否认、不辩解，坦然面对并接受这一切就可以了。

林肯是美国历史上最著名的总统之一，但他的出生并不高贵。父亲是一个最普通的鞋匠，既没有雄厚的财力，也没有显赫的家世。林肯唯独靠自己的才华及不懈努力。

由于林肯出身贫寒，那些出身名门的议员们自恃身份高贵，总是在不停地挖苦、讥讽他。有一次，林肯正在参议院演说，一位参议员毫不留情地说："我听说你有个修鞋的父亲，所以在开始演讲前，我希望你不要忘了你是鞋匠儿子的事实。"

面对如此无礼的讽刺，林肯没有愤怒，也没有气馁，而是大声答道："我从来没有忘记我的父亲，尽管他已经过世，我也要感谢您让我在这么重大的场合还可以缅怀我的父亲。我的父亲是一个出色的鞋匠，我希望自己做总统也能像父亲做鞋匠做得那么好。"

整个参议院陷入一片寂静，林肯转过身来恭敬地对先前那位无礼、傲慢的参议员说："我父亲曾经也给您的家人做过鞋子，如果有朝一日您觉得鞋子出了问题，我可以效劳，帮你修好它。虽然我不是伟大的鞋匠，但我从小就跟父亲学到了做鞋子的技术。"

参议院里再也没有一点杂音，只有林肯自己激动地站在演讲席上，想到父亲让他热泪盈眶。片刻之后，他的四周想起了雷鸣般的掌声，所有的质疑和嘲笑都不攻自破。后来，林肯也如愿以偿地当上了美国总统。

虽然出生卑微的事实无法改变，但林肯却没有妄自菲薄。正是因为林肯认识到自己的先天不足，才更让他下定决心通过后天的努力来弥补。可以说，林肯能够竞选成功，是因为他不卑不亢的精神感动了众人，使他赢得别人包括那位傲慢参议员的尊重。

任何人都不应该因为自己的先天不足，而停止对梦想的追求。梦想还是要有的，万一梦想实现了呢？毕竟这世上谁也没规定，平凡的人不可以拥有梦想，平凡的人不可以屌丝逆袭，成就不了伟业。只要心存梦想，并为之不停地努力，即使再平凡的你，也有可能变得不平凡。不足的先天优势就好比一片贫瘠的土地，其上面能否盛开希望之花，完全取决于你如何去耕耘和照料。

奥地利生物学家罗伯特·巴雷尼，在幼年时因患病而残疾。当时的他认为自己是被上帝抛弃的孩子，在极度绝望中，他曾想过一死了之。当妈妈知道他的想法后，心痛至极。但妈妈并没有在他面前表现出自己的痛苦，而是平静地对他说："孩子，上帝总是很公平的，他造就了你这方面的优点，就一定会造就你那方面的缺点。虽然你的双腿残疾了，但那只是上帝跟你开的一个小小的玩笑，相信他一定会在其他方面补偿你的。"

听了妈妈的话，小罗伯特内心受到极大的鼓舞，虽然他失去了双腿，但毕竟他还有聪明的头脑。于是，罗伯特开始发奋读书，完全忘记了身体的残疾。若干年后，他以优秀的成绩考入维也纳大学医学院，致力于耳科神经学的研究，并最终取得了举世瞩目的成就。

世界上四肢健全、头脑聪明的人很多，但是能够获得巴雷尼那样成就的人却很少，这是为什么呢？大多数人在追寻和实现梦想的过程中缺少两样东西——永不服输的精神与坚忍不拔的毅力。他们总是日复一日地碌碌无为，喜欢在等待中坐失良机，在抱怨上帝不公没能给自己出色的容貌、优秀的才能中，蹉跎了岁月，虚耗了光阴，最终梦想在他们面前戛然而止。

有人曾说："没有种不出作物的土地，只是撒了不适合的种子。"的确，残缺、不够优秀、出身贫寒，所有的一切都不能成为你放弃梦想的理由。成功的关键就在于，你如何看待你自己及所处的境遇。当初，霍金罹患绝症，几乎不能动不能说，却从未放弃探索宇宙的奥秘，奥斯特洛夫斯基全身瘫痪、双目失明，却创作出了最为励志的《钢铁是怎样炼成的》。

还有很多优秀的人，他们在用他们独特的成功告诉所有人，只要怀揣梦想和希望，不看轻自己，不向命运妥协，更不轻言放弃，即使你是一个不完整的人，也一样可以拥有圆满的事业。世上之事，没有绝对的可能，也没有绝对的不可能，奋斗可以改变一切，可以弥补身体上的缺陷。先天不足，可以后天来补，再贫瘠的土地都会开出希望的花儿。

6. 相信未来，才能拥有未来

一个人只有相信未来，才会拥有未来。因为只有当一个人满怀希望和梦想，才会放下包袱，不断前行，不断进取。世界上没有算命预测术，如果有那最好的算命先生就是你自己，对于未来，只有你自己才最有发言权。

罗曼·罗兰在《米开朗基罗》中说："世界上只有一种真正的英雄主义，那就是在认清生活真相之后依然热爱生活。"在现实生活中，很多人看清生活真相之后就开始万念俱灰，失去了追梦的勇气，陷入浑浑噩噩的平庸生活之中。

对很多成年人看来，梦想只是自己骗自己的把戏，那些梦想只是镜中花、水中月，可望而不可即。这种貌似沧桑而富有哲理的话，基本上大都出于对未来的胆怯，不仅误导了自己，而且误导了后来人。事实上，未来之于每个人，都是梦想的开始，而不是终止。

都说娱乐圈就是一个名利场，在这里混拼的是颜值。没有出众的外貌要想成功那就是难上加难，黄渤的成功就是如此，他的演艺道路走得异常艰难，但是他始终没有放弃自己的梦想，他相信自己有一天会成功。

中学毕业后，黄渤因为热爱演艺事业，毅然离开自己生活了十几年的美丽的海滨城市，离开了本来富足优越的家庭，自己一个人来到陌生的城市打拼。很快，他便尝到一点小小的成功——与太平洋唱片公司签约。然而，进去之后才发现，他还是原来的他，还是那个长相普通，掉在人群中都无法找出来的毛头小伙。一同进入公司的毛宁与杨钰莹早就大红大紫，而他居然连歌也没得唱，只能沦落为杨钰莹的伴舞。

为此，他决定离开，找个能够唱歌的地方。他离开广州，来到北京，在北京的各个酒吧当驻唱歌手，收入不稳定，生活异常艰难，最为困难的时候他住过地下室，甚至和很多流浪汉一样，露宿在桥洞下的日子都有过。而当时与他同在酒吧唱歌的那些人，如周迅、满文军、零点乐队等，却个个风生水起，大红大紫起来。这一次，又只有他，不仅不红，甚至连生活都异常艰难。即使这样，他也还是没有放弃，而为了坚持下去，开始在一些剧组里混角色，大多数时候，他只是演一些如士兵甲、路人乙的小角色。微薄的片酬，一度让他的生活难以为继。身边的朋友好意劝他说：“不如改行吧，演艺向来都是年轻人的天下，你不能再耗下去了，又何必在一棵树上吊死呢？”

最为艰难时，他也想过放弃，不过，很快他便放弃了这样的念头，这些年来的坚持，不就是因为自己喜欢吗？现在放弃，之前的所有努力和积累下来的人脉、经验不就白费了吗？于是，他继续在各个剧组找角色，有什么演什么，他从不挑剔。在不断地尝试和坚持下，他终于等到了机会，电影《斗牛》的导演看上了他，让他在片中饰演牛二。对于这来之不易的机会，他十分珍惜，也因为热爱，让他在拍摄中表现出了超常的敬业精神。有一个片段，需要他来回跑上跑下一座几百米高的石头山，场工上去一回都累得直喘，他却要一个镜头从山底跑到山顶，跑三四十趟。戏拍了 3 个月，鞋子磨破 38 双。

凭借牛二的角色，他完成了人生的大逆转，一举夺得第 46 届金马奖最佳男主角。一个长相“抱歉”，多年折腾于演艺圈而毫无起色的人，一下子迎来了自己的人生坦途。

记得美国著名盲聋女作家海伦·凯勒曾说：“人生最大的灾难，不在于过去的创伤，而在于把未来放弃。”假设黄渤在每次遭遇人生低谷时放弃，那就没有后来站在金马奖颁奖礼上的辉煌。人生就是一次旅行，因为热爱和喜欢，才能不畏前途曲折而一直坚持走下去。那些不放弃未来的人，即便仅有一线希望，他们就会加倍拼命向前追赶。

约翰·戈达德出生在美国西部乡村，父母是地地道道的农民。虽家境贫寒，但戈达德却是一个有梦想的少年。当戈达德 15 岁时，他为自己列出了一份梦想清单——《一生的志愿》。这里包括了他大大小小 127 个理想。比如，他想到尼罗河、亚马逊河和刚果河探险；他想登上珠穆朗玛峰、乞力马扎罗山和麦金利峰；他想驾驭大象、骆驼、鸵鸟和野马；他想探访马可·波罗和亚历山大一世走过的道路，主演一部《人猿泰山》那样的电影；他想驾驶飞行器起飞降落；他想读完莎士比亚、柏拉图和亚里士多德的著作；他想谱一部乐曲；他想写一本书；他想拥有一项发明专利；他想给非常的孩子筹集 100 万美元捐款……

这些大大小小的愿望就是他的梦想，在未来的日子中，他相信自己的梦想，并坚信凭借自己的努力可以让这些梦想变为现实。然而，周围的人却不当回事，他们只是把这当作一个笑话来看，觉得这是一个穷孩子的白日梦，他的未来更应该在田地里劳作。

然而，戈达德不畏艰险，不惧世人的冷言，开启了自己追梦的航程。经过四十多年的努力，戈达德实现了多少梦想呢？当他再拿出愿望清单对比时，发现已经实现了其中的 110 个愿望。他把一个个近乎空想的夙愿，变成了一个个活生生的现实，也因此一次次地品味到了搏击与成功的喜悦，使自己成为了 20 世纪最著名的探险家。

戈达德的经历告诉我们，一个人只有相信未来，才会拥有未来。因为只有当一个人满怀希望和梦想时，才会放下包袱，不断前行，不断进取。世界上没有算命预测术，如果有，那最好的算命先生就是你自己，对于未来，只有你自己才最有发言权。

一个人只有对未来心怀希望，并且在每个清晨或者日暮不断默念，你的未来才不会被日复一日的平淡冲刷干净。这正如德国诗人席勒所说：“一个人不应该背叛他少年时的梦想。”因为只有当我们相信梦想、相信未来，时刻用正能量的眼光来看待人生旅程，这样你才能在未来看见更美好的风景。

在这个世界上，没有人能够阻止一个对未来心怀希望的人，同样谁也救不了对未来失望透顶的人。所以，只要你对未来充满希望，未来就一定不会让你失望。

Chapter 10

生命就该浪费在美好的事物上

Zhebeizi
Henduan
Buyao
Weibieren
Erhuo

1. 人生不满百，总得留下点儿什么

一棵树终究会凋落，但是它仍会从春到夏，每分每秒努力吸收每一寸阳光的温暖。最后，树干的年轮上却有了时光的印记。人也是如此，在最艰辛的时刻，那些过往早就雕刻了灵魂，刻画在我们所经历的每一个年轮上。

人生是一幅卷轴，从呱呱坠地到耄耋之年，不过百年而已。你要怎样作画，才能不辜负每个春韶易逝的日子？有人画出华丽重彩的油画，每个时空布满了自己精心刻画的印记；有人画出一半泼墨、一半留白的山水画，有舍有得，虽然并不辉煌绚烂，却写意无穷；有的人画出的只是一幅儿童的涂鸦，涂涂抹抹，别人不知所谓，自己稀里糊涂。

人生不满百，你落笔的每分每秒决定了最后这幅画卷是传世精品，还是废纸一张。一万年太久，终究不是我们的日子，属于我们的大约只是朝夕之间。

人生中，留下印记最深的，往往不是春风得意、众星捧月的时候，那些最深刻的记忆往往是最痛苦、最无助、最孤单、最落魄的日子。你需要伏案低头、奔波忙碌，每一天每一分钟都分成八半，恨不得自己有诸多分身可以帮自己。而这段岁月，往往成为自己最眷恋的时光，因为每个踽踽独行的脚印，都是自己画卷上最深刻、最惊人的一笔。

鉴真是被载入史册的佛学大师。刚入空门时，主持让鉴真大师做了大家都不愿做的行脚僧。每天他都是寺里最勤奋的，做出的活儿从未让主持感到不满。但是，一年下来，他发现别人的活儿都很轻松，而自己的活儿却是寺里最苦最累的。

一天日上三竿，往日鉴真早就洒扫清洗了。但是现在却还在呼呼大睡。主持觉得奇怪，就推开了他的房门。床边是一大堆破破烂烂的瓦鞋，床上的鉴真仍在打鼾。主持叫醒鉴真："你不外出化缘，在床边堆这么多破瓦鞋干什么?"鉴真打个哈欠抱怨说："别人一年一双瓦鞋都穿不破，我呢，刚剃度一年多，这么多鞋都穿破了。"主持听后微微笑道："昨天夜里下了一场大雨，你随我走走吧。"

寺前是一段土路，因为雨后不久，路面泥泞不堪。主持对鉴真说："我问你几个问题。"

"你愿意做一天和尚撞一天钟，还是想成为光大佛法的名僧?""当然想做光大佛法的名僧。"鉴真立刻回答。

"昨天你走过这条路吗?""当然。"

"那你能找到自己的脚印吗?"鉴真觉得主持在强人所难："不下雨的话，这条路每天都是又干又硬的，怎么能找到自己的脚印?"

主持笑了："现在走一趟这条路，你能找到吗？""当然能，一眼就能看到。"

主持点头道："要知道，泥泞的路才能留下脚印，世上众生莫不如此。你看，一个碌碌无为的人，从没经历过生活坎坷，就像脚踩在又平又硬的路上，最后什么也留不下来。"

鉴真恍然大悟，终于明白了主持的良苦用心。从此，他更加努力地做主持分下来的工作，日后更是潜心研究佛法，终成一代佛学大师。

每个云淡风轻的背后，都有一段苦苦的挣扎，每个绚烂人生，都有不为人知的付出。人生之路，有些东西必须经历过、挣扎过，才明白得到的美好、失去的大度。

从没争取过，何谈放弃的洒脱？不曾执着追求过，怎会珍惜到手的幸福？没有一步步走出来的生活，即使游遍世界，也只是虚看而已，生活仍旧不知所谓。

一个毫无爱情经验的人，婚姻只是将就的人，谈说岁月静好、平淡是真是多么可笑！

一个花了两块钱中了五百万的人，用不了多长时间他就会成为一个新的穷光蛋。但是一位白手起家、拼搏多年的人亏损了五百万，如果不出意外，他很快会成为一个千万富翁。走过艰辛方知生活之乐，经历了人生的荒凉才会珍惜繁花似锦的日子。

一个女孩子十几岁不漂亮，她可以说我的父母相貌不好，但是，如果她已经三十多岁，依旧不漂亮，那么就是自己的问题。在十多年的时间里，生命里为什么没有注入新的东西？她辜负了每一天可以改变自己的日子。

"每一个不曾起舞的日子，都是对生命的辜负。"尼采如是说。人生百年，只有现在的每分每秒每时每刻是真的，这个时刻的我们是真的，我们活着是真的。而一个人活着，不是可以吃饭睡觉，可以呼吸，心脏可以跳动就可以了。要知道，这些不光是人，甚至猪狗猫也可以做到。活着，是因为他在做，在行走，在经历。

一棵树终究会凋落，但是它仍会从春到夏，每分每秒努力吸收每一寸阳光的温暖。最后，树干的年轮上却有了时光的印记。人也是如此，在最艰辛的时刻，那些过往早就雕刻了灵魂，刻画在我们所经历的每一个年轮上。

人生天地间，忽如远行客，是不是应该想一下自己可以留下点什么呢？

2. 理想的生活，就是和喜欢的一切在一起

理想的生活不过是找一份喜欢的工作，找一个自己喜欢的人，在自己喜欢的房子里布满喜欢的物品。人生的大快乐和小圆满，大都是从这份欢喜、悸动和爱开始的。

每个人都有权利选择自己的生活。然而，生活是什么？生活可以是柴米油盐酱醋茶的琐碎，也可以是诗酒平生的惬意。吃白菜豆腐可以，吃红烧肉也是一顿。但问题是你喜欢什么样，你爱的那个才是你的心情，你的态度，你的人生。

韩寒在《我所理解的生活》中，这样写道：“我所理解的生活就是做着自己喜欢的事情，养活自己，养活家人。生活不是攀

爬高山，也不是深潜海沟，它只是在一张标配的床上睡出你的身形。我也不觉得留有遗憾是一种缺憾美，相比之下，干砸了倒是一种美。”

理想的生活与财富多少、地位高低无关。在我们最喜欢的事情上藏着幸福的密码。生活之中，有的人喜欢奢华味，有的人喜欢田园风，没有谁高贵谁低下，关键是过日子的人是不是好这口，就像有句话说“千金难买心头好”。

摩西奶奶是美国大器晚成的代表人物。76 岁开始绘画；80 岁时在纽约举办个展，引起轰动。她的人生虽然开始很晚，但最终选择和喜欢的一切在一起。

她在百岁感言时说：“我的孩子们，投身于自己真正喜爱的事情时的专注与成就感，足以润色柴、米、油、盐、酱、醋、茶这些琐碎日常生活带来的厌倦与枯燥，足以让你在家庭生活中不过分依赖，保留独属于自己的一片小天地。寻觅到一个懂你爱你的伴侣，两个人组成的小小世界，便足以抵挡世间所有的坚硬，在面对生活的磨砺与残酷时，不觉得孤苦，不会崩溃。”

诚然，喜欢才是人生的原动力。不管是男人向女人表白，还是女人向男人表白，他们表白的对象总是倾向自己喜欢的；去买衣服，穿来穿去，最后选的大都是自己喜欢的；去饭馆点菜，点来点去，都尽量点自己喜欢吃的口味。没错，我们不管在行动上还是潜移默化的思想里，总是想着和自己喜欢的一切在一起。

然而，在现实生活中，不幸福的人太多，因为不欢喜的东西占据了他的空间。大凡不爱的，就会有诸多借口去驳斥，因为不喜欢才有了诸多的埋怨和逃避。

同样是八个小时的工作，有的人只是为谋生，八小时之外爱好占满整个世界，免于被生活的单调和不幸所禁锢。有的人却可以找一份自己喜欢的工作，时时刻刻都是欢喜的，不必为它的单调无趣而煎熬，不必每周数着手指过日子到了周末才能一晌贪欢。

同样是结婚，有的人可以跟不爱的人举办婚礼，拍婚纱照，但是，结婚了之后，才会发现不爱一个人却要生活在一起，是实实在在的切肤之痛。不爱所以难以忍受；不爱所以会吹毛求疵；不爱所以会麻木不仁。套一句流行语：和不喜欢的人在一起，辣条都不想分他一半。最后，看到的人生百态皆是薄凉。原本可以等到更好的更喜欢的那个，为什么不呢？自己委屈了自己，又何必埋怨别人？而和自己相爱的结婚的那个人，即使婚后有诸多的不适，也会在不适中寻找到欢喜。即使婚姻是坟墓，那么，在里面也能过得有滋有味，意兴盎然。

世界是一面大镜子，照出来都是自己的影子。一个人选择了什么样的世界，世界就会回馈他相应的东西。人生百态，只有选择喜欢与不喜欢的而已。

理想的生活不过是找一份喜欢的工作，找一个自己喜欢的人，在自己喜欢的房子里布满喜欢的物品。人生的大快乐和小圆满，大都是从这份欢喜、悸动和爱开始的。

如果这样的生活里真的有痛苦和艰辛，我们也会满怀欣喜、心甘情愿、以苦为乐。看看即使在抗战最艰苦的岁月，毛主席说的话都是："与天斗其乐无穷，与地斗其乐无穷，与人斗其乐无穷。"因为做自己喜欢的一切，所以无惧、无畏。

小孩子大都快乐，因为每个孩子都在寻找眼中最欢喜的事物，他惊喜于世界的多姿，所以，满心欢喜。即使一条毛毛虫，一块石头，一片树叶，都足以让他乐此不疲地沉浸其中。

很多人都怀念青春的美好。是因为青春的岁月，大多人都可以选择自己喜欢的自己爱的，并且跟它们在一起。当心中充满了这些，看到的也是世界回馈的爱和欢喜。

大凡青春落幕，不是因为不再年轻，而是开始了妥协，开始委屈自己去做自己不喜欢的事情，去和自己不喜欢的人相处。但是，一个人可以委屈自己一时，可以委屈自己一世吗？生活中，短暂的艰辛和痛苦没有什么，但是，当我们的一辈子都是如此时，这是多么不幸的人生。

有生之年，也许我们不能大富大贵，但是能与自己欢喜的一切在一起，在年老时能够眉飞色舞夸夸其谈一番，也不枉一生了。

3. 在满足基本生存的前提下，去做自己喜欢的事儿

人人会生存，但不一定人人会生活。我们的快乐和成就感总是来自喜欢的事情。做自己喜欢的事，我们更加得心应手，沉溺其中也不会有虚度年华、庸庸无为之感，也才能让我们的人生旅途更加丰富、饱满、与众不同。

每个人都渴望做自己喜欢的事，但却总是面临生存的压力。如果有一份既能解决生存问题又是自己喜欢的工作，那实在是再好不过。然而，生存始终是人生第一要义。在满足基本生存前提下，我们再尽量去做自己喜欢的事。

有一位美国人去巴黎旅游，当来到金碧辉煌的“雨果大礼堂”时，他被礼堂华美、现代的建筑风格所吸引，于是问导游：“这个礼堂是不是以贵国著名作家维克多·马里·雨果的名字命名?”

导游回答：“不，不是的，这个礼堂是以弗里曼·雨果的名字命名，他是贵国费城人。”

美国游客惊讶：“我怎么从来没有听说过这个人，他写过什么代表作?”

导游曰：“他写过一张支票。”

经济基础决定上层建筑，费里曼·雨果的行动表明，他在满足了自己基本生存的前提下，又做了自己喜欢的事，所以今天我们就看到了以他的名字命名的“雨果大礼堂”。

民以食为天，不知道从什么朝代开始，“柴、米、油、盐、酱、醋、茶”就成了百姓的“开门七件事”。智慧的古人早已告诉了我们温饱问题的重要性。

马克思在创作《资本论》一书时，生活极其困窘，这一点我们从他与恩格斯的信件来往中可以看到。马克思在其中一封信里，向老朋友恩格斯倾诉道：“一个星期前，我窘迫到无法出门的地步，因为我唯一的一件外套被抵押在当铺里。我的饭桌上已经很久没有肉了，因为我早已欠债累累。”在写给恩格斯的另一封信中，马克思又写道：“我的夫人病了，小珍妮（马克思的女儿）也生病了，我不敢给她们请医生看病，因为我根本付不起昂贵的医药费。已经有8—10天的时间了，全家人只能靠面包和土豆充饥。”

可以说，马克思能够顺利完成《资本论》这一伟大著作，与恩格斯对他经济上的援助具有密不可分的联系。从马斯洛需求层次上来说，一个人只有先解决衣、食、住、行等基本需求，才能够把更多的精力投入到创作之中，以充分发挥自我价值。

“仓廪实而知礼节，衣食足而知荣辱。”我们所有的道德荣辱、人生价值都是在解决了温饱问题之后来讨论的，和一个衣不蔽体、食不果腹的人谈爱好、谈信仰、谈道德、谈人生的意义，想想也是不现实的吧。

台湾作家龙应台写过一篇文章，里面提到一个叫提摩的人，提摩从小爱画画，在气氛自由、不讲究竞争和排名的德国教育系统里，他一会儿学做外语翻译，一会儿学做锁匠，一会儿学做木工。毕业后找不到工作，失业时只有 18 岁。直到龙应台写这篇文章时他 41 岁，仍旧失业，所以和他母亲住在一起。没事的时候，他就坐在临街的窗口画长颈鹿。

因为没有工作，所以也没有结婚，没有小孩。提摩自己还过着小孩的生活。可是，那时他的母亲已经快 80 岁了。这是一个没有生存能力和生存意义的人，所以一生只能依附于他的母亲。龙应台对她儿子安德烈提的要求是：我怕你变成画长颈鹿的提摩，不是因为他没钱没名，而是因为他找不到意义。我也要求你读书用功，不是因为我要你跟别人比成就，而是因为，我希望你将来会拥有选择的权利，选择有意义、有时间的工作，而不是被迫谋生。

如龙应台这样知识渊博的名人，对自己的儿子提的要求也不过是找一个有意义、有时间的工作，而不是被迫出于生计，但是生计问题总是要解决的，所以要用功读书，争取将来拥有更多的自主选择权。

法国作家雨果说过：“人有了物质才能生存；人有了理想才算生活。你要了解生存与生活的不同吗？动物生存，而人则生活。”人人会生存，但不一定人人会生活。我们的快乐和成就感总是来自喜欢的事情。做自己喜欢的事，我们更加得心应手，沉溺其中也不会有虚度年华、碌碌无为之感，也才能让我们的人生旅途更加丰富、饱满、与众不同。

经济基础决定上层建筑，在满足基本生存的前提下，我们尽量去做自己喜欢的事吧！

4. 过自己想要的生活，比看别人的眼光有意义得多

不想委屈自己，就舍掉那些不知所谓的飞短流长吧。人生如若是一场戏剧，就要演自己想要的，哪怕别人鄙视也没什么关系。记住，别人不是你，你也无须为别人而活。

在人生中，我们从来不是读者、看客、评论家，而是作家、编剧、导演，是舞台上表演的那个舞者。既然如此，为什么不写上自己满意的剧情，表演自己想要的内容？

是啊，因为还有很多人在看着我们。他们或善意或讽刺或冷眼旁观地告诉我们：要这么演，要那么写；要装扮得华丽一些，要笑得灿烂一些；这样做太无情了，那样说太没分寸了。犹豫、徘徊、无奈，于是我们按照别人说的想的做了。等到表演结束，我们发现这根本不是最初的剧本，不是自己想要的生活。在“四不像”的生活中，我们开始感到厌烦和疲惫。

只有人生的勇敢者，才能无畏无惧地选择自己想演的剧本，做自己喜欢的事儿。下面让我们看一对浪漫而个性的情侣。想到什么就做什么，他们经历了我们在电影中才看到的一切。

张昕宇 36 岁，梁红 35 岁，他们是一对北京的普通情侣，想亲身体验世界上那些在严酷环境下的人们是怎样生活的，于是开始了两个人的冒险之旅。他们经历了——

世界寒极奥伊米亚康，零下 53 度，露营一夜。

索马里，战火纷飞，遭遇勒索。

切尔诺贝利，30 度高温，穿着防护服，欣赏鸟语花香。

马鲁姆火山，微笑，不断微笑，打消了当地土著人的疑惧，免于杀害。

在北极求婚，在南极结婚。

这些经历在别人眼中是惊叹和刺激的，甚至会有人说他们太二。但是，对于他们来说却是坦然的。在索马里首都摩加迪沙，他们见到了一个孩子。孩子的腿坏了，当医生解开纱布时，腿部已经腐烂，从里面竟然飞出了苍蝇，还有甲壳虫在腿上爬。孩子的父母哥哥姐姐都死于战争。但是即使如此，孩子却在笑，他们问孩子为什么。孩子回答：“因为我还活着。”

面对战争，才会更加明晰活着的幸福和美好。也因此，这对情侣才会在诸多的冒险下，在别人眼中的刺激和欣喜中，如此坦然。在活着面前，一切冒险不过是活着的一种诠释而已。而这样的冒险生活正是他们想要的，他们也不顾一切地去做了。

也许，有的人会这样想，他们衣食无忧，资产千万自然有资本来玩儿这样极致的旅行。而自己每天老婆、孩子、工作压力大，哪有时间和闲钱做这样的事情！

但是，事实上，即使有千万财产，他们真的会这样去做吗？大约也不会的。因为想要找到借口和理由，反对自己做一件事情，实在太容易了。

看看这样一条流传很广的微博：“18 岁读大学，问你理想是什么，你说环游世界；22 岁读完大学，你说找了工作以后再去；26 岁工作稳定，你说买了房以后再说；30 岁有车有房，你说等结婚了再带老婆一起去；35 岁有了小孩，你说小孩大一点再去；40 岁孩子大了，你说养好了老人再去；最后，你哪儿也没有去。”

很多人都在千篇一律地生活着。而当一个人想要过自己生活，会有很多人告诉他这样做不行，那样做不对。这些说辞或者出于好心，或者出于好奇，或者只是无关紧要的反驳，事实上，它们只是人们对于生活理解的一面而已。

大多人总愿意推销自己的哲学，即使自己的哲学也只是复制的，但他们希望用事例和别人的行为证明自己的哲学是对的，借此掩盖住人生的另外一种可能性——那个洒脱、自在、自信的人生，而不是这个将就的、被迫的、懦弱的人生。

漫画大师宫崎骏在《猫的报恩》中，这样说：“在这个世界上，一定有另一个自己在做着我不敢做的事，在过着我想过的生活。”这是多么不幸的寓言，但大多数人恰恰如此，所以才会抬头仰望别人的成功，而在深夜里哀叹自己虚度的年华。

不想委屈自己，就舍掉那些不知所谓的飞短流长吧。人生如若是一场戏剧，就要演自己想要的，哪怕别人鄙视也没什么关系。记住，别人不是你，你也无须为别人而活。

如果你坚持爱情不将就，那些正在你面前谈论儿女老公的女人们，不妨真心恭祝幸福，因为在你不知道的角落，她们也许并不如此快乐，所以才会迫不急待地希望你也能如此。

同样的，如果你坚持画画，那个毕业就去做设计已经年薪几十万的同窗，希望你加盟时，即使条件再诱惑，也不妨坚守。因为你去了，即使在别人眼中，你成功了，也会感到失落和痛苦，因为你心心念念的不是这样的。

静静地思考自己下一步怎样表演，比看别人的眼光有意义得多，我们不需要用自己的行为证明别人的思想是正确的，我们也不必为那些言辞苦恼。“心若不动，风又奈何。你若不伤，岁月无恙。”延参法师说。

每个人都是一颗坠落的流星，我们选择不了怎样开始，怎样结束，但是我们可以选择以何种风姿坠落。

5. 在有限的生命里，请多一些慢下来的时光

生命如同一朵花，是缓缓绽放的过程。而这个过程是有节奏的，犹如四季春种夏长，秋收冬藏。我们不可能永远处于长夏状态，疲于奔命般地生长。灵魂和身体都需要休息，慢下来才能让生命更从容。春花，夏日，秋霜，冬雪，你若徐徐而行，清风不请自来。

当时间和金钱开始与成功挂钩，我们的生活就开始了争分夺秒的忙碌。生活中随处可见各种忙：吃饭忙，看报忙，出去游乐忙；嫌各种慢，网慢，车慢，快递慢，下属的报告慢，上司的意

见慢。

太多的成功学和成功人士传递这个信息：“你没有成功，因为你不够勤奋，你没有走得快些，你没有及时抓住机会。”所以，很多人挥着小皮鞭，用各种理由赶着自己上路，似乎浪费一分钟，自己就丢了多少金钱，丢掉了多少成功的机会。

真的是这样吗？一头毛驴被蒙上眼睛拉磨，就算分分秒秒不停地走，也走不出院子，看不到风景。人也是如此，当我们恨不得把所有的事情都分分钟做好时，步子快得早就把灵魂就丢在了路上，成了蒙了眼睛的毛驴。这样去忙，自然身不由己，忙来忙去都是一场空。

看看中国汉字“忙”字是这样写的：左面是心，右面是亡。一个人忙得太厉害了，心就死了，心死了，再怎么忙活，也是白活。

关于生活，美国作家亨利·戴维·梭罗在《瓦尔登湖》这样写道：“我到林中去，因为我希望谨慎地生活，只面对生活的基本事实，看看我是否学得到生活要教育我的东西，免得到了临死的时候，才发现我根本就没有生活过。”

懂得放慢脚步，把握灵魂与身体前行的节奏，才是珍惜时间，珍惜生命。其实，人生就藏在你分分秒秒的生活里，它是你吃的早餐，只有慢慢咀嚼，才能感受到食物的香甜；它是你喝的下午茶，要慢慢泡，慢慢品，芳香才能随口入心。

看一朵花，早晨还是带露的骨朵，午间就迎风盛开。它是哪时哪刻开的呢？你永远也找不到。因为它的盛开是一个过程，从没有具体的时间。它懂得自己的节奏，所以才会绽放得如此自在。

生命如同一朵花，是缓缓绽放的过程。而这个过程是有节奏的，犹如四季春种夏长，秋收冬藏。我们不可能永远处于长夏状态，疲于奔命般地生长。灵魂和身体都需休息，慢下来才能让生命更从容。春花，夏日，秋霜，冬雪，你若徐徐而行，清风不请自来。

Slow Movement 网站有这样一句话："慢活并不是将每件事牛步化，而是希望活在一个更美好的世界。它是一种平衡，该快则快、能慢则慢，尽量以音乐家所谓的 Tempo Giusto（正确的速度）来生活。它没有一成不变的公式和万用守则，只是让每个人都有权利选择自己的生活步调，如果我们愿意腾出空间容纳各种不同的速度，这个世界会变得更加丰富。"

那么，在具体生活中，要如何慢活呢？

慢爱：如果一个人的爱情就像快餐一样，早晚他会变得爱无能。认真爱，慢慢爱，认真经营小浪漫。在互动中，爱情才能细水长流。

慢写：当复制粘贴如此简单，网络如此横行天下时，人们就少了思考。不妨拿起笔，慢慢写字，写自己的见解、自己的心情。

慢读书：寻一本好书慢慢读。开始了就不要停下，哪怕每天只读一页，体味阅读带来的享受。

小憩和冥想：工作累了，那就稍微闭目，专注呼吸，放松紧绷的神经。忙碌了几天，可以选择一段时间来冥想，抛却压力。

慢食：中国人吃饭都会说"您慢用"，细嚼慢咽，不仅利于肠胃吸收，也满足了心口。

慢运动：可以选择瑜伽、普拉提、太极拳等等缓慢运动的健身项目，这种运动可以让自己真正地感知身体，放松身心。

关手机：手机几乎是现代生活和工作的必备物品。如果我们不能抛弃手机，要在适当时候关机，将工作和休息时间区分开。

人生慢处见真实。在流逝的生命中，慢一点，才看得到它波光粼粼的璀璨。陌上花开，缓缓归矣，有些事，急不得。从前，车马很慢，书信很慢，一生只够爱一个人。如果我们能够回到曾经的慢时光，那该是一种多么美好、多么醉人的生命历程啊！

6. 把精力用在做有意义的事情上

千万不要再做那些因小失大、得不偿失的事情了，因为时间和精力也是一种资源，我们拥有的并不多。我们所能做的就是——将自己人生中最美好的时光花费在最美好的事情上。

著名作家隐地说：“一生倒有半生，总是在清理一张桌子。”的确，人生短暂，而我们的人生却总是在各种各样的鸡毛蒜皮中荒废掉。

人是一种有欲望、有思想的高级动物，也正由于思想及欲望的影响，每个人的心中都充斥着各种令自己烦恼的琐事。于是，很多人总是把大量的时间、精力浪费在类似于擦桌子、生闷气、混吃混喝等与梦想无关紧要的杂事上，就这样使自己宝贵的生命在虚度中荒芜。而那些真正成功的人，他们总是在提醒自己：不要把时间浪费在毫无价值的事情上，而应该把精力花费在有价值、有意义的人生梦想上。

古时候有个叫爱地巴的人，每次和人争执、生气时，他都会以很快的速度跑回家去，绕着自己的房子和土地跑三圈，然后坐在地上喘气。

几十年光阴弹指而过，逐渐老迈的爱地巴变成了当地最富有的人。但与人争论、生气的时候，他仍然还是老样子——绕着房子和土地跑三圈。

“为什么爱地巴生气的时候要绕着房子和土地跑三圈呢?”人们非常困惑。但是无论怎么问，爱地巴就是不开口。

直到有一天，爱地巴很老了，他的房子和土地也已经很广大了。这天他又生了气，他拄着拐杖艰难地绕着房子转，整整用了一天的时间，他刚走完三圈，就坐在地上喘粗气。

一直跟着他转圈的孙子恳求说：“爷爷！为了您的身体，您不能再像从前一样一生气就绕着房子跑了。还有，您能不能告诉我，您为什么一生气就绕着土地跑三圈?”

这一次，爱地巴说出了隐藏多年的秘密，他说：“年轻的时候，我一和人吵架、争论、生气，就绕着房子和土地跑三圈，一边跑一边想自己的房子这么小，土地这么少，哪有闲心和人生气呢？一想到这里，气就消了，接着努力工作。”

孙子又问：“爷爷，你现在是这里最富有的人，为什么还要绕着房子和土地跑呢?”

爱地巴说：“我现在还是会生气，生气时绕着房子和土地跑，一边跑一边想自己的房子这么大，土地这么多，何必跟一个穷人计较呢？一想到这里，气也就消了。”

人的生命是短暂的，精力也是有限的，在这短暂的一生中，我们应该把所有的精力都花费在更有价值的事情上，而不是因为这样或者那样的琐事忘了人生的方向。《圣经》中曾记载一个故事：有一次，耶稣正走在耶路撒冷的街道上，迎面遇到一个人，耶稣向他打招呼道：“来跟从我。”那人回答：“主呀，好的。可是我需要先处理一些小事，然后再来跟从你。”

其实，当这个人说“先让我……”的时候，他并没有把耶稣看作自己心中的“主”，而是把生活中的琐事看得比“主”还重要。同样，日常生活中，那些真正有价值的事情，就犹如圣经中的“耶稣”，我们只有足够虔诚、足够用心，方可寻到人生的方向，并获得光明。在任何时候，我们都不应该把“先让我……”作为自己拖延重要事情的借口，而是全神贯注地去完成那些有意义、有价值的事情。

喜欢看电影的朋友，想必都知道香港的邵氏兄弟电影公司。公司创始人邵逸夫是个大慈善家，他在中国内地没有任何生意业务，但从 1985 年起，邵老平均每年都会向内地捐赠 1 亿多元，用于支持各项社会公益事业。2008 年四川大地震发生后，邵老当即慷慨解囊，向灾区捐款一亿港币（约合 9000 万人民币），成为单笔个人捐款最多的人。

但在经商方面，邵逸夫与别的香港老板一样对成本锱铢必较，甚至还为此留下“以小失大”的憾事。比如 1970 年，在美国发展的李小龙接受香港媒体采访时透露，如果剧本、片酬合适的话，他愿意回香港发展。消息传开，多家香港电影公司立即对李小龙发出邀请。但当他提出影片投资不得低于 60 万以保证制作水准的前提条件时，不少小公司当即望而止步，可供考虑的其实只剩下邵氏和嘉禾，而李小龙原本对财势雄大的邵氏最有兴趣。然而，邵逸夫开出的条件并不优厚——不但每部片酬仅有2000美金，还要签长期合约，与邵氏旗下的那些明星艺员并无区别。李小龙掉头投奔了嘉禾，致使邵氏错失了香港电影史上最具票房号召力的“金鸡”。

尽管如此，邵逸夫并不后悔，因为他无愧于自己的一生，他把自己人生的精华都花费在了最美好的事情上，而且造福了千千万万的人。人生短暂，我们不要在乎琐事上的一时得失，而要时刻牢记自己人生的终极目的。这才是我们来世上走一遭的真正意义。

经商如此，做人做事更是如此，世界上做任何事情都概莫能外。著名财经作家古古的《古古经济学》中有一幅很有意思的漫画：古古和老婆坐在花园里，老婆问：“你口口声声地说爱我，那你为我都付出了什么？”古古没敢说，但心里说：“至少我付出了不能追小芳的代价。”套用古古的话说：“世界上没有免费的午餐，任何事情都要付出代价。比如恋爱，你在收获淑女的同时，也就不会再拥有辣妹了，这其间的损失，也就是机会成本。”

所以，千万不要再做那些因小失大、得不偿失的事情了，因为时间和精力也是一种资源，我们拥有的并不多。我们所能做的就是——将自己人生中最美好的时光花费在最美好的事情上，这样才能成就内心一直向往的那个最美好的自己。

7. 找到契合自己的生存方式，活出自己的味道

大凡成功者的生活方式，都像一个婴儿在生活。对于他们来说，世界不过是一个大襁褓，只有自己需要的和自己不需要的，自己喜欢的和自己不喜欢的。所以，假设自己就是一个婴儿吧，你需要什么来填补自己的一生，而它就是最适合你的。

每个人都有自己的活法，人生短暂，我们总要选一种契合自己内在本质的活法。如果你感觉自己每天过得不开心，这个时候，请不必埋怨那些让你感到糟糕的事情。要知道，时间从来都是一如既往，出问题的是你的生活方式。你选择不适合自己的活法，才会被琐事时时掣肘，才会感觉人生寡淡无味。

你只有在适合自己的生活中才能享受到快乐。别人的生活也许美，但是它未必一定适合你。一条鱼离了水，跳上沙滩注定要死去。每个人的灵魂都是独一无二的，人生需要自己来打造。“你须寻得你所爱，并为之守望。”乔布斯如是说。总之，只要找到契合你的生活方式，才是守住自己所爱的唯一途径，是你活出人生真味的真正选择。

日本著名演员高仓健，在银幕上一直给观众留下铁血硬汉的形象。在拍摄电影《追捕》时，扮演横路进二的演员田中邦卫非常羡慕高仓健的角色，并为自己只能扮演猥琐、丑陋、瘪三的形象愤懑不平。为此，他找导演埋怨，导演便让他俩调换角色，让他来演警察官杜丘，看看效果。结果，田中邦卫欢天喜地地穿

上杜丘的皮夹克、骑着马、握着枪，他这一形象一出现后，立刻就像一个鬼鬼祟祟的逃兵，引起在场剧组人员的哄堂大笑。

他这才不得不承认：自己只适合演反派角色。从此，他专演极具个性的配角，而且将这一类角色，演得炉火纯青，使自己成了日本最伟大的配角演员。可以说，田中邦卫在表演上所获的成就，完全得益于他选择了契合自己的戏路。如果他一味羡慕和盲目模仿高仓健，则很难让自己在演艺界脱颖而出。

人的个性不同，生活方式也就不同。想一想，你的生活应该是什么样的？也许，你马上就有诸多的版本。比如，到世界去探险，享受人间一切美食，做一个志愿者去帮助失学的孩子，寻一城安居，寻一人终老等。事实上，这些是你真正想要的吗？还是你在羡慕的？其实，你可以换个方向来思考，把自己逼到极端，问问自己“我不需要什么”。

尼采说：“人的精神有三种境界：骆驼、狮子和婴儿。第一境界骆驼，忍辱负重，被动地听命于别人或命运的安排；第二境界狮子，把被动变成主动，由‘你应该’到‘我要’，一切由我主动争取，主动负起人生责任；第三境界婴儿，这是一种‘我是’的状态，活在当下，享受现在的一切。”

大凡成功者的生活方式，都像一个婴儿在生活，呈现“我是”的状态。对于他们来说，世界不过是一个大襁褓，只有自己需要的和自己不需要的，自己喜欢的和自己不喜欢的。

他们寻得所爱，享受现在，无关成败。在这样的生活方式里，饿了就吃饭，爱了无须撒谎。所以，卡门·戴尔·奥利菲斯爱好自己的事业，七十岁还可以行走T台，能够走出睥睨世界的姿态；Coco香奈儿喜爱针线，年老还会自己亲手做设计，不疲不休。而改变世界大多数人生活方式的乔布斯这样说：“事情的胜败得失，我不是很在乎，我在乎的是我喜欢这份工作，乐于从事这项事业。如果努力之后，我还是失败了，那我相信自己还会努力的。”

所以，你呢？你应该寻求怎么的生活方式？你想活出怎样的人生滋味？事实上，你需要什么来填补自己的一生，而它就是最适合你的。这样的选择必然遵循自己身体和心灵，是你独一无二的不可取代的生活方式，自然你也会因此成为独一无二的那一个。

Chapter 11

拼的是现在，比的是将来

Zhebeizi
Henduan
Buyao
Weibieren
Erhuo

1. 不经过深夜痛哭的人，不足以谈人生

不要惧怕黑夜的孤单和寂寞，这一切都是对我们的磨炼。黑夜越是深邃，孤单越是煎熬，越能让我们拥有一颗强大的心，同时让我们拥有一个更有智慧的头脑。

在现实中，很多人遇到一点小波折，就抱怨人生艰难；遇到一次小失败，就感叹前途无望。每当深夜来临的时候，他们无法面对孤独和寂寞。无数个深夜，他们在网络游戏中麻醉自己，让自己虚度一个又一个日子。

有句话叫作“没有深夜里痛哭过的人，不足以谈人生”。真的是这样，跟有些人比起来，我们的人生其实没有那么糟，我们面对的困难其实也没有那么难。

就拿流浪歌手陈州来说，他所遭遇的人生才叫真正的艰难，但你看他是怎么做的：

陈州，1983 年出生在山东临沂的一户贫困农家。5 岁那年，

父母离异，两个年幼的弟弟跟着母亲再嫁他乡，陈州则跟着父亲生活。后来，父亲离家出走，陈州便跟随年迈的爷爷四处卖艺求生。那个时候他和爷爷有时一天能赚到 10 块钱，有时却只有几毛钱，能吃饱就觉得很幸福。

12 岁那一年，他的命运被彻底改写了。因为没钱买火车票，陈州偷偷爬上了一列火车，但当火车启动后，他才发现不是自己要去的方向，于是赶紧从车上跳了下来。就是这一跳，让他永远地失去了双腿。从此，陈州的吃喝拉撒睡全在一张棕板床上，陪伴他的只有门外的一缕阳光。这样的日子，一过就是 2 年。

1997 年的一天，陈州再也忍受不了这种“关禁闭”的日子，他用双手当腿用，支撑着身体来到了屋外。这明媚的阳光，这湛蓝的天空，让他突然产生了一个近乎狂妄的念想——离开村子，走向广阔的世界。这一走，就到了济南。在这座繁华的城市里，身无分文的陈州打过快板，卖过报纸，擦过皮鞋，偶尔也站在路边向路人要钱。但这种当乞丐的感觉太糟糕了，陈州想要靠自己的劳动活下去。

后来，他靠一首《水手》，博得了观众的连声叫好。就这样，陈州走上了街头歌手的道路。为了成为一个出色的街头歌手，陈州把赚来的钱大部分都买了学习光碟，还到卡拉 OK 去偷学。如今，陈州已经是家喻户晓的青年歌手，带着他的歌声走遍了全国 700 多个城市。

不仅如此，陈州还多次依靠双手“登”上山东泰山、山西五台山、安徽九华山、浙江普陀山……他是全球靠双手登上五岳的第一人。他在征服一座座高山的同时，也把自己的人生推向了一个又一个新的高度。

陈州的人生遭遇才叫名副其实的艰难，可就是面对这种甚于我们常人几倍的艰难命运，他没有牢骚满腹，更没有低头放弃，而是选择了努力和突围。在我看来，他是一个真正有资格来谈人生的人，不是因为他的人生够悲惨，而是因为他能够直面这种悲惨，并且能够在这种悲惨的人生底色上绘画出属于自己的灿烂人生。

我相信，深夜里，陈州一定不止一次地痛哭过，但他在哭过之后选择了勇敢和坚强，选择把最好的一面呈现在世人面前。

其实，没有谁能随随便便成功，很多成就了非凡事业的人，都是从艰难中一步步走过来的。所以，当我们还是一个尚未成功者的时候，应该学会调整自己的心态，学会蛰伏。在这一点上，我们应该向蝉学习。蝉的一生几乎都是在土地深处度过的，只有在生命最后的两三个月里，它才破土而出，爬上树干，经历生命中最美妙的一次蜕变，获得透明的羽翼，从而得以飞翔、鸣唱。

我们在追求梦想的道路上，其实也是一样的道理，饭要一口一口吃，路要一步一步走，只有先付出足够的血和泪，才能让梦想成为现实。在这个过程中，不要惧怕黑夜的孤单和寂寞，这一切都是对我们的磨炼，同时也是在成就我们。黑夜越是深邃，孤单越是煎熬，越能让我们拥有一颗强大的心，同时让我们拥有一个更有智慧的头脑。

事实正是如此，每一次深夜的痛哭，都是对我们心灵的洗礼。一个人只有经历血和泪的考验，才能踏上自己真正想要的旅程，才能遇到最美好的日子。

2. 坚定你的人生路，不怕晚也别怕输

没有人能随随便便成功，更没有人能代替我们成功。要想实现梦想，自己先要迈出奋斗的脚步。或许，我们的脚步已经徘徊了太久，但是，立志不怕晚，现在开始还来得及。

人生路，有平坦的大道，也有崎岖的小径，有美丽的鲜花，也有刺人的荆棘。但是，在选择一条道路之前，谁都不知道前方是什么，我们能做的，就是坚信自己的选择，并在自己选择的人生道路上勇往直前地走下去。

知名演员史泰龙就是这样一个人，一旦选择了自己的人生路，他也就选择了永不退缩。

史泰龙的父亲是一个赌徒，母亲是一个酒鬼，战争是这个家庭里最常上演的一幕，史泰龙则常常被打得鼻青脸肿。在这种环境中长大的他，读到高中就辍学回家，从此成为一个街头混混。有一年，他想，自己的人生不能再这样下去，否则这一生就真的完了。他下定决心，要闯出一条属于自己的人生路，一条与父母截然不同的人生路。

但是做什么呢？他思前想后，要做白领，自己没文凭，这是一道难以跨越的坎。要做商人，没有本钱，如何开始？最后，他想到了演员，既不需要文凭也不需要本钱，一旦成功却可以名利双收。不过他深知，自己长相一般，又没有接受过专业的表演训练，演员这条路也不会容易。但是，他已认定这是最适合自己的

道路，所以再难也要冲锋。

史泰龙来到好莱坞，找明星、找导演、找制片，找一切可能使他成为演员的人，四处哀求："给我一次机会吧，我要当演员，我一定能成功!"毫无疑问，等待他的是一次又一次的拒绝，甚至嘲讽。但他从不气馁，而是在每一次拒绝中发现自己的问题，在问题中学习和成长。两年多的时间里，他遭遇了上千次的拒绝。万般无奈之时，他决定走一条迂回之路，改写剧本，希望通过剧本得到导演的认可。

一年之后，剧本完成，虽然得到一些导演的认可，但提起自己当演员的事情，遭遇的又是严词拒绝。但史泰龙仍然没有灰心，终于，一个曾经拒绝了他 20 多次的导演被他感动了，导演对他说："我不知道你能不能演好，但我被你执着的精神感动了，可以让你试试。"就这样，史泰龙得到了成为演员的第一个机会，也靠着自己出色的表演一炮走红，创下了当时全美最高票房纪录。

面对上千次的拒绝，史泰龙何以能够做到不放弃？不要说是上千次，哪怕是几十次的被拒绝，我们当中又有多少人能够承受？不得不说，史泰龙是一个非常令人钦佩的人，他那种无论如何都不认输的精神，值得我们每个人学习。

同时，史泰龙的故事也告诉我们，成功者和不成功者的区别首先不在于能力的高低，而在于谁对梦想的渴望更加强烈。如果因为一点挫折就放弃对于梦想的追求，那只能说我们对梦想还不够坚定。真正对梦想有着强烈渴望的人，再多的挫折和失败也无法打倒他，反而会激发他更加勇猛的斗志，从而更加坚定执着地走在通往成功的道路上。史泰龙是这样一个人，他足够执着，他不怕输，所以他赢了。

没有人能随随便便成功，更没有人能代替我们成功。要想实现梦想，自己先要迈出奋斗的脚步。或许，我们的脚步已经徘徊了太久，但是，立志不怕晚，现在开始还来得及。

当红明星吴秀波，有才有财、气质儒雅，是众多粉丝眼中当仁不让的暖男大叔。成名前，曾经做过几年的驻唱歌手，由于歌厅不景气，又步入商界成为老板，开餐厅，开美容店，开服装店，倒卖电器，换外汇等，几乎尝试过无数种副业。但他终究没有放弃演艺理想，就算看不见曙光，也依然坚定地在这条主线上行走。

直到 39 岁，直到他主演的电视剧《黎明之前》热播，终于隐忍成名。他没有在无数个熬不出头的日子里退缩放弃过。最重要的是，社会的种种历练让他的内涵更加丰厚，积淀出更加精湛的演技，这对一名演员来说，是无上宝贵的东西。

39 岁成名又怎样？任何发生过的事情，有过的经历，都会转化成内在的能量。你积累得越多，你的人生必然也会越厚重。

古往今来，这样的故事并不在少数。如北宋文学家苏洵，27 岁才开始发愤读书。还有艺术大师齐白石，也是 27 岁才开始正式学习画画。美国家喻户晓的摩西奶奶，76 岁开始绘画，80 岁举办个人画展，在垂暮之年共创作了 1600 多幅作品。还有我国的褚时健，73 岁东山再起，开始承包荒山种橙，84 岁成为亿万富翁。

人生，永远没有太晚的开始。只要心不老、胆不怯，任何时候都有追逐梦想的权利。

3. 有些路走下去会很累，但不走肯定会后悔

人生一世，谁没有梦想？又有哪一个人的追梦之路不是布满荆棘？我们要做的不是抱怨，更不是逃避和放弃，而是拿出百分之百的努力，为我们的追梦之路激情出征。

你选择了什么路，就意味着什么样的人生。但不得不承认，有些路好走一些，有些路难走一些，可能走下去会很累很累，但是这条路是你梦寐以求的理想之路。这个时候，是应该轻松放弃呢，还是咬着牙根坚持下来？

这是个问题。你可以中途放弃，只要等待，命运可以给你一个败得一塌糊涂的人生。但是，成功从来不会无缘无故地眷顾任何人，只有那些付出了艰辛努力的人，才能得到成功的青睐。所以，在羡慕别人的成功时，与其质问命运的不公，不如问一问自己到底付出了多少。

新东方创始人俞敏洪，正是因为在那些艰难的路上选择继续走下去，而不是放弃，所以才能够享有今天的成就和荣耀。

为了上大学，他参加了三次高考。在已经连续两次落榜之后，没有人对他的第三次高考抱以希望，但是他成功了，而且考上的不是普通大学，而是北京大学。

不过，在北大，等待他的不是光鲜的生活，而是痛苦的深渊。他地方口音重，学习成绩差，永远都是角落里的小丑，没有一个人瞧得起他。唯一的安慰就是爬山，一个人在山顶看夕阳西

下和那连绵的群山。

毕业后，他成为一名北大教师，从农村娃到北大教师，他觉得自己满足了，这一生也算无憾了。但是，因为私下办英语培训班，他被北大“狠狠”地踢了一脚，这一脚让他再也无颜留在北大。无路可走的他，选择了辞职。辞职后的他，更是山穷水尽，只好开始了创业之路——继续办自己的培训班。

创业之路是艰难的，广告贴了不少，但就是没有学生来报名。那段时间，俞敏洪一天的大部分时间都是去贴小广告，要去北大贴，则基本都是半夜去，因为他害怕见到昔日同学、同事踌躇满志的样子。

最终，俞敏洪突发奇想，用免费讲座吸引了第一批学生，从此总算迎来了事业的转机。

1993 年 11 月 16 日，在一间不足 10 平方米的房间门口，他挂起了“新东方学校”的招牌。不过，成功仍然遥远，这只是万里长征的第一步罢了。在后续的创业路上，等待他的是一个又一个的问题，比如名牌教师“甩课”、分封制难题、人才困境等等。

谁也不能否认，今天的俞敏洪是一个十足的成功人物。但同时我们也必须承认，他今天的这份成功来之不易。这一路走来，他走得很辛苦，甚至可以说是很艰难，但是他选择了坚持，正如他所言：“在绝望中寻找希望，人生终将辉煌。”

人生就是如此，有些路你走下去会很累，但是不走肯定会后悔。如果当年俞敏洪被北大“踢”出校门后，他不是选择艰难地创业，而是回到老家，日子可以不这么艰难，但是梦想呢？做人的尊严和价值呢？不用说，如果真是那样选择，今天等待他的只有后悔。

人生一世，谁没有梦想？又有哪一个人的追梦之路不是布满荆棘？我们要做的不是抱怨，更不是逃避和放弃，而是拿出百分之百的努力，为我们的追梦之路激情出征。

也许，并不是每一个梦想都能实现，但是每一个梦想都值得尊重和敬仰。同样，不是每一个人都能最终收获成功，但是每一个为梦想执着坚持的人都是人生的赢家，都有资格获得命运给予的最热烈的掌声。

4. 岁月可以蹉跎你的容颜，但无法蹉跎你年轻而勇敢的心

心的力量是神奇的，无论到任何时候，我们都应该保持一颗年轻而勇敢的心。心若在，梦便在。而人生，终将因为对梦想的坚持而绽放最美的风景。

当代哲学家周国平曾说：“忘掉你曾经拥有的一切，忘掉你所遭受的损失，就当你是赤裸裸地刚来到这个世界，你对自己说：让我从头开始吧！”无论岁月如何变迁，如何致使你的容颜老去，我们都应该抱着一颗初始的心，像第一次让梦想出发那样，年轻而勇敢。

青春易逝、容颜易老，这都是我们无法逆转的自然规律，但我们完全可以保持一颗年轻而勇敢的心，走在为梦想执着的道路上。只要心不放弃，就有抵达梦想的机会。

著名体操运动员桑兰，被称为中国“跳马王”。在一次赛前

训练上，偶然一个没有做完的手翻转体动作，结束了她的体操生涯。伤势异常严重：颈椎呈开放性、粉碎性骨折，75% 错位，中枢神经严重损伤，双手和胸以下失去知觉。如此重大的打击，几乎可以粉碎一个女孩的梦和未来。但是从她苏醒过来以后，就没有流过一滴眼泪。从她重新面对公众目光的那一刻起，她的脸上就永远浮现着灿烂的微笑。她用微笑和勇敢，征服了自己，征服了世界。

青春不是年龄，而是心态。追逐梦想靠的不是高大威猛的身躯，而是一颗年轻勇敢的心。一个人，无论是正当年少还是人到中年，都有权利去追逐心中的梦想。

其实，大部分人所遭遇的人生苦难并没有他们想象中那么糟糕，只是由于内心脆弱、悲观，才放大了苦难的程度，有时候，只要稍微转变一下心态，你便会发现，人生路其实没有那么艰难，梦想也根本没有那么遥远。

下面这个故事里的主人公，正是靠着一颗不放弃的心最终实现了人生梦想。

他，只上过几年学。辍学回家后，便帮父亲种地为生。18 岁那一年，父亲突然去世，家里的重担全压在他一个人身上，要照顾身体不佳的母亲，还有照顾瘫痪在床的祖母。

他想尽一切办法赚钱。听说养鸡可以赚钱，他养起了鸡，但是不幸，在一场大雨后，鸡染上瘟疫都死光了。母亲因受不了这个打击忧劳成疾而去世。

后来，他酿过酒，捕过鱼，但都没有赚到钱。36 岁的时候，就算是离过婚的女人都不肯嫁给他，因为他只有一间小土房，随时可能在一场大雨后倒塌。之后，他借钱买了一辆拖拉机，但开车上路不到半个月，就出了事故，因此成了一个瘸子。

这个时候，所有人都以为他这辈子就完了，再也没有扭转命运的希望了。可是，多年以后的他，已是一家公司的老总，资产过亿元。

有记者问他："在那些最艰难的岁月里，你是如何做到不放弃呢？"他拿起一只玻璃杯握在手里，反问记者："如果我松手，这只杯子会怎么样？"

记者说："那当然会碎掉啊！"

他手一松，杯子掉在地上发出清脆的声音，但仍然完好无损。他说："几乎所有人都认为这只杯子掉在地上会碎，但是这不是普通的玻璃杯，而是玻璃钢制作的。"

的确，如果把人的心比作一个杯子，有些人的心就像是一只普通的玻璃杯，轻轻一摔便碎了。但是也有一些人的心，堪比那玻璃钢制作的特殊玻璃杯，即使遭遇猛烈的撞击也依然能保持完好无损的自己。

故事里的这位主人公，他的心显然拥有玻璃钢一般的强大和坚韧，所以在漫长的岁月里，虽然遭遇了一次又一次的挫折和失败，但仍然能够做到不放弃，仍然能够继续为梦想执着。这是心的力量，这是越挫越勇的传奇。这就告诉我们，岁月可以蹉跎我们的容颜，但我们仍然可以选择保持一颗年轻而勇敢的心。

境由心生。英国诗人弥尔顿说："心，乃是你活动的天地，你可以将地狱变成天国，也可以将天国变成地狱。"可见，心的力量是神奇的，无论到任何时候，我们都应该保持一颗年轻而勇敢的心。心若在，梦便在。而人生，终将因为对梦想的坚持而绽放最美的风景。

我曾听过这样一句话："人老心不老，老亦不老，心老人不老，不老也老。"那么，面对仅有一次的人生，你愿意做前者还是后者呢?

5. 请相信，你在寻找的东西也在寻找你

当你在寻找美好的事物时，美好的事物也在寻找你。当你在寻找阴暗、消极的事物时，消极、阴暗的事物就会向你靠近。为了使自己的人生更幸福，我们要让内心向美好的事物靠近。

曾经看过一部电影叫《心想事成的秘密》，它告诉我们：生活中发生的所有事情，都是我们自己吸引来的，是我们头脑中所想象的图像吸引来的。而且我们所想的、所感觉的和所呈现的现实，总是一致的。所以说，很多时候，你在寻找期待的东西，它也正在寻找你。

在这部电影中，提到了"吸引力法则"。其大概意思是说，地球上存在一种我们看不见的能量，它引导整个宇宙进行规律性的运转。也正是因为这种特殊能量的存在，使太阳系乃至整个宇宙中数以亿计的星球相安无恙地在各自的轨道上运行。而且这种能量能够引导宇宙中的每一样事物，同时也在引导着我们每个人的生活，它就是所谓的"吸引力法则"。

比如，当你的内心专注于美好的事物，并将心思倾向它时，那么美好的事情就会发生。反之，如果你的内心想的大都是自己不想要的东西，那么这些不想要的东西也会出现在你的面前。无

论你内心的想法是好是坏，这所发生的一切都是在回应你内心的想法而已。

从这个角度上来说，我们的思想正在创造我们的未来，而且一个人内心常想的或者最常放在心头的事物，将会出现在他的生命中，并构成他的人生。也正是由于这种因素在影响我们的人生，那些有所成就的人，并非他们具有超人的才能，而是因为他们心中怀有梦想，并不折不挠地与梦想相向而行，然后在相互引力的作用下与梦想不期而遇。

下面的这个故事，讲述了一个平凡人成功的奇迹，但同时也告诉我们，每个人的成功都不是意外，而是与梦想相互吸引、相互寻找的结果。

1632 年，万·列文虎克出生在荷兰一个酿酒工人的家庭。父亲去世较早，在母亲的抚养下，读了几年书，16 岁便外出谋生。后来，他找到一份替代尔夫特市政厅看大门的工作。

因为工作清闲，自己又年轻，他觉得不能就这么混日子，应该在工作之余再做点什么。于是，他选择了既费时间又需要耐心的打磨镜片作为自己的业余工作。他热爱这份工作，感觉自己天生就是干这个的料。就这样，他磨啊磨，一磨就是几十年。他在这个保安的岗位上干了几十年，打磨镜片的业余工作也干了几十年。在这个过程中，他除了磨制普通的镜片，还磨制放大镜。

终于，奇迹出现了。列文虎克磨制出的显微镜可以把微小的东西放大到两三百倍，他发现了一个当时科学界还未发现的新世界——微生物世界。从此，万·列文虎克名声大噪，被授予巴黎科学院院士的头衔，连英国女王都亲自拜访他。

万·列文虎克只是努力做好当下的每一件事，那就是把每一个镜片打磨到最好，但就是在这样平凡的细节里，他发现了科学界的奇迹，也成就了自己的非凡人生。他对磨镜及观察细微生物怀着浓厚兴趣，加之持续的执着和努力，于是奇迹悄然向他靠近。

如果一个人下定决心要成为什么样的人，或者他下定决心要做好什么事情，那么他内心的意念或者说他灵魂的驱动力就会促使他梦想成真。也正因如此，每个人的人生都可以拥有他内心想的最多的事物，而且他的生活也将会变成他经常想象的样子。

可以说，宇宙中的万物都是以相互吸引、相互寻找为基础的，而且这种力量将永远在起作用。每当我们的内心产生一种思想时，必定会有一种相应的东西被创造（实现）出来。比如，很多时候当你在内心想念某人时，对方也正在想念你；当你正准备给某人打电话时，刚好接到此人打来的电话。这种我们常常称之为“心有灵犀”的巧合，其实正是内心意念相互吸引、相互影响的作用。

西方有一个叫“马太效应”的心理学法则，即富人总是越来越富，而穷人总是越来越穷的社会现象。其实，这种现象的发生也是因为头脑中的思想、意念在起主导作用。那些越来越富的人，他们内心想的最多的事情是，如何让自己变成亿万富翁；而那些越来越穷的人，则一直在思考为什么自己变成了穷光蛋，在这种消极思想的影响下，他们将会变得更穷。

禅学中讲究“种瓜得瓜，种豆得豆”的因果关系，同样我们每个人的人生结局也遵循因果关系。比如，当一个人的内心装满美好、积极的事物时，那么美好的事情就会发生；反之，当一个人被消极、悲观的情绪困扰，那么不好的事情将会在他的生命中应邀而至。

总之，我们生活中的一切，包括事业、家庭、爱情、友情，都在不知不觉中遵循着大自然的吸引力法则。当你在寻找美好的事物时，美好的事物也在寻找你。当你在寻找阴暗、消极的事物时，消极、阴暗的事物就会向你靠近。所以，为了使自己的人生更幸福，我们要让内心向美好的事物靠近。凡事心之所向，我们的每一个梦想都将会“梦想成真”。

6. 就算经历过糟糕的过去，也不代表会遇见糟糕的一生

生命无法逆转，时光无法倒流。我们不应该因为过去的糟糕而丧失现在的美好，而应该珍惜现在，使自己的人生开出绚丽的快乐之花。

法国著名作家大仲马说：“人生是由一串串无数小烦恼组成的念珠，乐观的人是笑着数完这串念珠的。”这位参透人生真谛的大文豪用自己的经历及感悟告诉我们，烦恼是客观存在的，任何人都无法避免，关键就看你是笑着迎接烦恼，还是哭着抱怨过去。

在我们的日常生活中，其中有90%的事情是好事，只有10%是不好的事情。但很多人却总喜欢沉浸在过去10%的糟糕或不幸中。如果一个人总是为曾经的糟糕经历耿耿于怀，或者总是被悲伤情绪所包围，那么他就无法享受现在生活的美好。所以，我们要像西方一句谚语中所说：“不要为打翻的牛奶哭泣。”

就算你曾经失去了某些宝贵的东西，就算你经历过糟糕的过去，但这不代表你会遇见糟糕的一生。反之，如果一个人总是为过去悲哀，为曾经遗憾，将会错过现在的美好，并在悲戚中度过失败的人生。

有一个青年，在 23 岁时被人陷害，为此在牢狱中浪费了 9 年的光阴。9 年后，冤案告破，他终于洗净冤屈，顺利出狱。

出狱之后，这个年轻人开始了几十年如一日的咒骂、抱怨、控诉：“我真是太不幸了，年纪轻轻就遭受冤案，在监狱中度过了本应最美好的 9 年。监狱中的房间阴暗狭小，根本见不到阳光，冬天寒冷难耐，夏天蚊虫叮咬，简直不是人待的地方。上帝为什么不惩罚那个陷害我的家伙？即使对他千刀万剐，也无法消除我的心头之恨。”就这样，这个年轻人每天都在痛苦的回忆中度过，不工作也不做事，日子过的穷困不堪。

73 岁时，他终于卧床不起。弥留之际，牧师来到他的床前，说道：“可怜的孩子，在去天堂之前，请忏悔你在人世间的所有罪恶吧！”

躺在病床上的他，并没有丝毫忏悔之意，而是愤愤不满地说：“我并没有什么需要忏悔的，我需要诅咒，诅咒那些将痛苦、不幸施与我身上的人。”

牧师问道：“你因冤案在牢狱中待了多长时间？”

此人愤恨地回答：“9 年。”

牧师长叹一口气说道：“你真是世界上最不幸的人，我对你的不幸同情万分。他人只不过对你囚禁 9 年而已，而在出狱之后，你却用怨恨、诅咒又囚禁了自己 41 年。”

当人生遇到糟糕挫折的经历时，不同的人会采取不同的应对措施。比如，有的人将痛苦变为抱怨、愤怒，最终对生活失去信心；而另一种人则是努力克服困难，使自己走出伤感的阴影，积极应对美好的明天。这正如别林斯基所说："不幸是一所最好的大学。"当一个人遇到糟糕或不幸时，不仅能够磨炼意志，使他越挫越勇，而且还能够使他获得足够多的人生经验。可以说，意大利小提琴家帕格尼尼就是以乐观心态来应对挫折与痛苦的人生典范。

帕格尼尼的一生可谓糟糕透顶。他 1 岁时险些死于猩红热症，4 岁时一场麻疹差点要了他的小命；13 岁时又患了严重的肺炎，几乎令他见了上帝；46 岁时牙床上长满脓疮，不得不拔掉所有的牙齿；牙病初愈，又患上严重的眼疾，几乎失明，年幼的儿子成了他的"拐杖"；50 岁时，肠炎、关节炎、喉炎等各种病症一起袭来；58 岁时吐血而亡。

在这糟糕而多难的一生中，苦难并没有磨灭帕格尼尼出色的艺术才华。他在 8 岁时，创作了自己的第一首小提琴奏鸣曲；9 岁时，进入市歌舞院的管弦乐团；11 岁时，登台表演了自己创作的《变奏曲》。为此，著名音乐评论家勃拉兹称帕格尼尼为"操琴弓的魔术师"，歌德评论帕格尼尼是"在琴弦上展现了火一样的灵魂"；就连拿破仑的两个妹妹，也都被帕格尼尼的小提琴演奏迷住了。

生命中曾经不美好的经历，对于有的人来说可能是痛苦，但对于另一些人来说，则是财富。没有人会倒霉一辈子，糟糕与不幸也只是暂时的。过去的不幸经历，并不是让你消极对待生命的理由，而是让你懂得如何面对困境的人生大学。

智者无为，愚人自缚。人生中存在的一切烦恼，归根结底都因为我们不懂得放下。很多人总是喜欢背着沉重的包袱行走，并以过去的痛苦来进行自我折磨，因此他们总是活得越来越累，行走得越来越辛苦。

生命无法逆转，时光无法倒流。我们不应该因为过去的糟糕而丧失现在的美好，而应该珍惜现在，使自己的人生开出绚丽的快乐之花。在漫长的人生之旅中，每个人都难免会经历痛苦，留下遗憾。当你沉浸在当初的痛苦之中时，就会停下前进的脚步，使自己离幸福越来越远。正如泰戈尔所说："当你为错过太阳而流泪时，你也将错过群星。"

7. 如果你知道自己去哪儿，全世界都会给你让路

一个人如果不知道自己去哪儿，再多的时光也是用来荒废的。一个人如果知道自己去哪儿，即使有一个又一个的拦路虎挡在前方，也阻挡不了追梦的脚步。

一个人的心灵意志，永远是人生路上最好的导航。前行的道路是否是最佳路径，目的地是否最完美，前行时是顺利还是阻滞，全都有赖于你的一颗心。只要你的心坚定，知道自己要去哪儿，不害怕、不犹豫、不抱怨，全世界都会给你让路的。

人生没有什么都不可以没有梦想。梦想为何如此重要？因为梦想是人生的方向。人生路因为有了梦想才变得清晰，人生路也因为有了梦想才充满激情。相反，没有梦想的人生不仅可悲，更是可怕的。想想看，站在青春的道路上，看着周围的人皆为梦想

而出发，可自己却不知走向何方，青春的时光一刻不停地在流逝，我们还能迷茫多久，我们的人生还能经得起多少岁月的蹉跎？

没有方向到底有多可怕，让冯仑用他的亲身经历告诉我们吧。

有一次，冯仑和驴友开车前往乌鲁木齐，在戈壁滩上，车子突然坏掉了。戈壁滩的地面，温度高得简直要把轮胎烤化了，他们急需帮助，但是手机又全没有信号，他们根本没法和任何人取得联系。随着时间一点一点过去，心里越来越恐惧。

这时候，司机下了车，左看右看，冯仑问：“你在找什么？”司机说：“我在找车辙。”终于，司机发现了一个新的车辙。然后他们就开始相互鼓励，要相信这个地方一定会有别的车辆经过。果然，一个多小时后，有一辆货车驶来，停在了他们面前。

司机写了一个电话号码，请货车司机走出戈壁滩后打电话找人来救他们。在货车司机离开后，冯仑等人在车上嘀咕着：“那个司机真的会打电话找人来救我们吗？”结果他们的司机说了一句话：“在没有方向的戈壁滩上，信任就是唯一的方向！”结果，在又等了一个多小时后，救他们的人真的来了。

这件事情发生之后，冯仑得出了一个结论，人生最恐惧的事情不是没有钱，没有房和车，而是没有方向。他还说，人一旦有了方向，所有的困难都不是困难。

《荷马史诗》中有一句至理名言：“没有比漫无目的的徘徊更令人无法忍受的了。”真的是这样，没有方向的人生不仅是痛苦的，更将因此被荒废掉。反观现实，有很多人过着漫无目的的生活，做着毫无方向的事情，这样的人生注定是失败的。努力当然重要，但努力的前提是你选择了一个对的方向。

曾经有一个年轻人，非常热爱写作，每天笔耕不辍。每次写完之后，他就会用钢笔把稿件誊写一遍，写得清清楚楚，然后寄给各个报社、杂志社。可是，他寄出去的每一篇稿子都是泥牛入海。终于有一天，他鼓足勇气，拿着自己的稿子去请教一位作家，作家看了他的稿子对他说："你为什么不去练习书法呢?"

5 年以后，他的硬笔书法作品获得多个奖项，他本人也因此加入了省书法协会。

这个小故事告诉我们，有时候我们付出很多努力却没有收获，往往是因为选择了一个错误的方向，人只有选择一个正确的方向，努力才能换来收获。

一粒种子的方向，是破土而出，寻找阳光。一个人的方向，当然就是追逐梦想，实现人生价值。梦想也许还很遥远，追逐梦想的道路上也许还布满荆棘，但只要我们勇敢而坚定地走下去，所有的苦难都将被化解，梦想成真的那一刻迟早会到来。

实际上，历史那些取得了非凡成就的人，几乎都是有着清晰人生方向的人。作家史铁生，下肢的瘫痪禁锢了他的足迹，但没有禁锢住他那颗追求梦想的心，他的人生方向就是写作。在无数个深夜，他跟自己的灵魂对话，跟历代圣贤先哲对话，最终写出了多部影响时代的优秀作品。

一个人如果不知道自己去哪儿，再多的时光也是用来荒废的。一个人如果知道自己去哪儿，即使有一个又一个的拦路虎挡在前方，也阻挡不了追梦的脚步。人生就像一场历险，当你有方向、有勇气，当你知道自己去哪儿，那么全世界都会给你让路。

Chapter 12

不做光鲜的别人，只做最牛的自己

Zhebeizi
Henduan
Buyao
Weibieren
Erhuo

1. 这个世界能拯救你的唯有你自己

人生在世，别人眼中的自己是什么样并不重要，重要的是你自己如何看待自己；别人如何对待你都没关系，关键是你千万不能输给自己。

从蹒跚学步起，父母的手就开始护佑着你。跌倒了，这双手扶你起来；委屈了，帮你拭去眼角的泪水；失败了，温暖地将你揽入怀中……正因如此，很多人自始至终都没有长大，以一种孩子的心态处世。这是一种依赖心理，总是让我们不敢正视现实。

等我们长大踏入社会，才发现世界上并没有那么多的庇护。处处充满危险，一不小心都可能被困难打倒。莎士比亚说："如果你将自己比作泥土，那就休怪别人总是要抬脚去踩踏你。"其实，打倒你的人不是别人，正是你自己。同时，将你从万劫不复中拯救出来的人，也是你自己。

2008 年，汶川地震。一个叫李月的小女孩，从小热爱舞蹈，梦想长大后能成为一名舞蹈家。然而，突如其来的灾难让她失去了左腿。对于一个舞蹈爱好者，失去一条腿意味着什么？估计每个人都知道。

路怎么走，得靠她自己。在所有灾难面前，小女孩显示出了异乎寻常的坚强。她感激自己能活着，没有因为失去一条腿而放弃最初的梦想。就像她说的，人真的很奇怪，世界美不美完全取决于自己的心态。

终于有一天，随着法国作曲家拉威尔的《波莱罗舞曲》悠然响起，小女孩李月手拿红色芭蕾舞鞋，出现在“鸟巢”舞台上，她坐在轮椅上圆了自己的“芭蕾梦”……

的确如此，如果不是她自己内心强大的信念以及对梦想的坚持，是无论如何也接受不了这一连串的打击的。虽然身边有千万个同胞为她加油、鼓劲，给予她更多的帮助与关怀，但别人却不能代替她去实现梦想，去走完未来的人生，这个世界能拯救她的也只有她自己。

人生不如意之事十之八九，从某种意义上来说，一个人幸福与否、成功与否，完全来自于对自我的改变与超越。而大多数人却不这么认为，他们期待获得来自他人的帮助，将太多的希望寄予环境的改变和命运的垂青，总是在等待与焦虑中变得慵懒、消极。实际上，改变命运的力量，就存于你的内心。你是谁，只因为你想成为谁。

查理是个笨小孩，对于这一点，大家坚信不疑，因为每次考试查理都不及格。开家长会时，老师都会向家长们通报孩子的学习情况，而轮到查理时，老师往往就结束了汇报，因为查理又考了倒数第一。

看到爸爸每次在家长会上受到众人的白眼，查理的心里十分难过。不过，爸爸并没有责怪他，而是告诉他："不要跟别人比，你只跟自己比就行。"有一次查理考了45分，爸爸把他搂到怀里亲了又亲，因为他上次考了30分，相比之下显然进步了。

查理觉得，能够进步的自己就是最好的自己，所以他再也不去羡慕别人的成绩，而是默默地努力。后来，查理发现自己写作还不错，于是每天坚持写文章。一段时间之后，查理的写作才能受到众人肯定，作品开始发表在刊物上，甚至获得不少文学大奖。

很多时候，人会妄自菲薄，自己看不起自己，输给了自己的执念。为什么你一定要跟别人比呢？正所谓"山外有山，人外有人"，大海纵然辽阔，尽头还有一片宽广的天际。

当一个人遭受挫折时，不要沉溺在痛苦、悲伤中，也不要苦苦哀求或者等待他人来帮你，而应该学会自己拉自己一把，并最终靠自己的力量来拯救自己。

美国总统林肯说："人下决心想要愉快到什么程度，他大体上就能够愉快到什么程度。你能够决定自己的心灵，控制自己的思想。在这个世界上，唯一能够搭救你的人，就是你自己。"我们面对人生时，又何尝不是如此？经历失败挫折后，让自己放弃的不是别人，而是自己。因为害怕更大的失败，害怕受到更大的打击，所以不敢直面现实，而是把自己严严实实装进"套子"里。殊不知，这样做只能让自己看起来更加弱小，更加不堪一击。

人生在世，别人眼中的自己是什么样并不重要，重要的是你自己如何看待自己；别人如何对待你都没关系，关键是你千万不能输给自己；至亲之人可以在危难时拉你一把，但最终能让你重新站立的那个人，还是你自己。

2. 别去羡慕别人的风光，有本事自己闯出一片辉煌

与其羡慕他人的拥有，不如充分发挥自我优势，做最好的自己。所谓“虾有虾路，蟹有蟹路”，每个人都有自己的路可走，一味羡慕别人和模仿别人，你会连自己都失去。

当我们看镜中的自己，总是有这样或那样的不满，怪上帝为什么没有给自己一副奥黛丽·赫本的美丽容颜。如果自己能够长得那么美，肯定也能成为大明星，不再用苦巴巴地奔波于永远也做不完的工作之中；当低下头看看自己的钱袋，又会想为什么自己不能有个李嘉诚那样的老爹，一出生便含着金汤匙，即使一辈子坐着不动，也有花不完的钱……人就是在不断羡慕别人的过程中，使自己变得越来越不自信，越来越不快乐。

羡慕之下，难免有比较。在比较中产生差距，心理就产生落差。从这一点出发，似乎一个人所有的快乐都源于“比他人好”，而所有的不快乐都源于“比他人差”。

有一个女人总是羡慕邻居比自己过得幸福，因为邻居夫妻从不争吵，日子过得有声有色。而且，邻家女儿嫁给一个富豪，过上了锦衣玉食的生活，儿子学业有成，在当地一家知名企业

就职。

而自己呢？丈夫整日酗酒，儿子顽劣不堪，很早便辍学在家，一天到晚只知道惹是生非。女人越想越气，最后由羡慕变成了嫉妒，又由嫉妒生出了仇恨。为此，邻居越是高兴，她越是不高兴；邻居的生活过得越好，她越是不痛快。她每天都盼着邻居家倒霉，或邻居家死人……然而，她越是这样想，自己越郁闷。久而久之，她身体日渐消瘦，生病去世了。

故事中的女人，由于羡慕邻居比自己过得幸福，从而使羡慕变成无名的仇恨，把自己置于一种心灵的炼狱之中，就这样白白耗尽了自己的一生。人生的价值何在，意义何在？

与其在自我折磨中羡慕别人，倒不如把羡慕别人的时间和精力，花在让自己变得更加强大之上。这样一来，你就会拥有属于自己的风光，令众人对你投来羡慕的目光。

帕瓦罗蒂的歌唱事业就如他唱的那首《我的太阳》一样灿烂、辉煌。然而，他的命运却一波几折，差一点就和歌唱事业失之交臂。

原来，帕瓦罗蒂的父亲是一位面包师，但是他却十分喜爱歌剧，经常听一些著名歌唱家的唱片，这种潜移默化的影响，让帕瓦罗蒂在很小时候便喜欢唱歌，并且他在唱歌方面也有一定的天赋。

不过，帕瓦罗蒂更喜欢孩子，他很羡慕自己的老师，能够与孩子们快乐相处，并教授他们广泛的知识。然而，之后的事实证明他不适合做一名教师，他完全不知道如何与那些调皮捣蛋的学生相处。这让他十分苦恼，于是又转而开始唱歌，并进入“罗西尼”合唱团，开始随合唱团在各地举行音乐会。

转眼七年过去了，帕瓦罗蒂仍是一个无名小辈，眼看自己周围的朋友都找到了适合自己的位置，也都结了婚，而自己还没有养家糊口的能力，这让他十分痛苦。在羡慕他人的同时，他也在想是不是该放弃唱歌。不过，父亲的一席话让他幡然醒悟，父亲说："每个人都有属于自己的位置，有自己的生活方式，何必去羡慕别人？安心享受自己的生活，成为最好的自己才是幸福之道。"于是，帕瓦罗蒂坚持走唱歌的道路，最终在一个歌剧比赛中崭露头角，并成为著名歌剧《波希米亚人》的主唱，这也是他第一次独立演唱歌剧。演出结束后，帕瓦罗蒂赢得观众雷鸣般的掌声。

之后便一发不可收拾，他的歌唱事业步入快速上升的通道，最终成为活跃于国际歌剧舞台上的最佳男高音。

羡慕别人的风光，而让自己的人生陷入荒唐。世间最愚蠢的行为莫过于此。因为羡慕，自己的内心烦乱不堪，不敢直视真实的自己，看不到自己身上的优势。就这样，在攀比、羡慕中自己的能量一天天消耗殆尽，侵蚀对未来的希望，最终输掉了梦想和鲜活的人生。

与其羡慕他人的拥有，不如充分发挥自我优势，做最好的自己。所谓"虾有虾路，蟹有蟹路"，每个人都有自己的路可走，一味羡慕别人和模仿别人，你会连自己都失去。

从今天开始，让我们不再羡慕别人的风光，而是靠自己的本事闯出一片辉煌。正如有句话说，假如你不能成为大道，那就当一条小路；假如你不能成为太阳，那就当一颗星星。重要的是，活出真正的自我，并成为最好的自己。

3. 每一个优秀的人，都有一段沉默的时光

每一个优秀的人，都必须经历一段沉默的时光，如果你想坐享其成，除非你想一辈子做个平庸的人，过平庸的生活。否则，就要忍受这样或者那样的淬炼，就要尝遍各种辛苦，受尽所有劳累。直到有一天，我们终于看到梦想绽放，这是最公平的奖赏。

关于成功，我们总是盯着别人头上的光环，而忽视他们脚下曾经踩踏过的泥泞。其实，成功不是一蹴而就的，每一个优秀的人，都有一段沉默的时光。正所谓“忍得住寂寞，才能守得住繁华”，那些苦苦追寻成功而不得的人，不是他们找不到，而是他们做不到，因为他们害怕磨难和挫折，对沉默时的孤独和寂寞避之不及。

在人的一生中，鲜花和掌声的日子只是极少数，大部分时候都是沉默和暗淡的光景。而一个人能否成功，就看这段时光如何度过。对一些人来说，此时正是磨炼意志、净化灵魂的最佳时机，蛰伏为起飞蓄积能量，即古人之所谓的“韬光养晦”。

利用沉默暗淡时光努力修炼自我的人，最终会成为优秀的成功者，而那些害怕沉默冷落时光的人，则大多沦为了怀才不遇的抱怨者。我们要做哪一种人，答案不言自明。众所周知的音乐家贝多芬，就是在长时间的沉默之后震惊世界的。

贝多芬出生在一个贫穷家庭，自幼饱受贫穷带来的种种不

幸。不仅如此，父亲还是个嗜酒如命的酒鬼，对他十分严酷，只是把他当作“赚钱的工具”。为此，父亲不惜把年幼的贝多芬拽到钢琴前，让他在那里艰苦地练上许多小时。每当弹错一个音符，就狠狠地扇他耳光。周围的邻居们常常听见贝多芬因疼痛发出的抽泣声。

不幸更加猖狂，二十五岁后，病魔开始叩问贝多芬，他感到耳朵日夜作响，听觉越来越衰退，最后双耳完全失聪。这给贝多芬的生活、爱情以及音乐创作带来了毁灭性的打击。不过，他始终没有放弃，而是愈发坚强，陆续完成100多部作品，且部部惊世骇俗。

法国作家罗曼·罗兰曾说：“物质生活的窘迫毫无改观。贝多芬贫病交加，孤立无援，但他却是个战胜者——人类平庸的战胜者，他自己命运的战胜者，他的痛苦的战胜者。”优秀的人之所以优秀，并不取决于他成功的刹那，而是那段或长或短的沉默时光。成功更容易光顾磨难和艰辛，在面对苦难、挫折时如何度过，这才是最终让一个人成其伟大的全部内涵。

然而，现在有很多人却不这样认为，他们总想着成功可以走捷径。就拿工作来说，当一个新成立的小公司给他机会时，他却嫌弃工资低、工作量大，困难重重，前途堪忧。他们实在不愿意把自己的大好青春花费在与小公司共同成长之上，只想着有朝一日小公司发展壮大时，自己再去分得一杯羹。然而，当这样的机会真的幸运地眷顾于他时，他又觉得大公司人多、事多、责任大，同事不好相处，各种钩心斗角犹如狗血宫斗剧，这让他无法接受。

其实，说来说去，他们不是不知道自己想要什么，而是害怕吃苦、受累，不想忍受那些成功之前的淬炼，不想看见黎明来临之前的黑暗。然而，世界上哪有这等好事？不用吃苦，便可以凭借一次又一次的侥幸和运气，就能出人头地？

在这个世界上，轻轻松松就能获得成功的人几乎是没有的。我们需要明白——每一个优秀的人，都必须经历一段沉默的时光，如果你想坐享其成，除非你想一辈子做个平庸的人，过平庸的生活。否则，就要忍受这样或者那样的淬炼，就要尝遍各种辛苦，受尽所有劳累。如此一来，你才能将曾经受过的苦、累，挨过的骂，换为耀眼的回报。直到有一天，我们终于看到梦想绽放，这是最公平的奖赏。

每一个优秀的人，都会有一段沉默的时光。当我们不够优秀时，不抱怨、不责难，而是不断地努力。一个人只有抵得住黑夜的孤独，才能绽放出最美的花朵。

4. 你的认真，让整个世界如临大敌

无论何时，我们都不应该认为认真可有可无。我们只有认真做好小事，才有可能在大事上取得突破。我们只有对自己的人生足够认真，才能创造出令人震惊的奇迹，甚至让整个世界如临大敌。

“认真”本是一个充满正能量的词儿，但现代很多人有一个认真的人就是“认死理”、“脑筋不灵活”的感觉。所以，网络上有人高深莫测地说：“认真，你就输了！”当你想把工作精益

求精一点时，就会有同事不耐烦地说：“这么认真干吗？公司又不是你的！”

如今，凡事不要太认真的心态被越来越多的年轻人接受。很多人开始游戏人生，从不把认真放在眼里。似乎谁一旦与“认真”靠上边，就会被嘲笑。显然，在这些人眼中，认真的意思就是偏执、不懂变通、没有悟性。

果真如此吗？下面让我们读一则案例：

医大毕业后，琳琳被分配到一家非常有名的公立医院工作。有一次，琳琳参与了一个重要的心脏移植手术，主刀大夫是国内顶尖心内科专家。

手术结束后，医生让琳琳缝合伤口。琳琳提醒主刀专家说：“您取出了 11 块纱布，但是我们用的是 12 块。”

一时间，手术室里的空气凝结了，所有人都不敢出声。主刀专家不耐烦地说：“我已经取出了所有的纱布，缝合吧！”

琳琳再次阻止道：“不行！”为此，她又认真地清点了盘中的纱布：“只有 11 块，应该还有 1 块在病人体内。”专家有些生气，严厉地说：“出了问题我负责，快缝合。”

琳琳并没有被吓住，争辩说：“一旦手术稍有差池，都会危及病人的生命。生命只有一次，谁能担得起这个责任？”为了责任，即使被领导批评，甚至丢掉工作，琳琳也不在乎了。她已经在内心做好了承受这一切的心理准备。

突然，主刀专家竟然转怒为笑，只见他伸出自己的手，手中藏着一块纱布，那正是第 12 块纱布。他之所以这样做，是为了寻找一位合适的助手。显然，琳琳正是他要找的人。

西方谚语说：“上帝一定会保佑认真的人，即便他们活得辛苦。”认真不仅是一种工作方法，更是一种处事态度。认真的人，做事认真、思考认真、总结认真，他们的人生中无不充满认真的味道。正是这种凡事认真的态度，让他们成长更快，更容易获得成功。

关于认真，季羡林先生在回忆录《留德十年》里曾讲过这样一个故事：

1944 年冬的德国，法西斯希特勒的末日到了，德国民众的生活也频临崩溃。

第二次世界大战让德国生活物资严重匮乏，尤其是燃料不足。然而，在北欧寒冷的冬天，如果没有足够的燃料取暖，人们是很难生存下去的。

为了解决燃料问题，林业人员每天都深入深山，逐一寻找。当找到那些劣质树木，就在树上做上记号，然而告诉民众，只能用它们来生火。虽然在这样的困境之下，但德国人仍然守护着精细认真的准则，一方面确保燃料供应，另一方面避免了民众大肆盗砍山林的情况。

德国人的自律，源于他们的认真。这种在危难关头依然能够保持认真态度的民族，让世人感到震撼。因为“认真”这两个字，德意志民族在经历了上世纪初中叶两次毁灭性的世界大战之后，仍能够奇迹般地迅速崛起。所以说，认真是一种可怕的力量，更是一种良好的习惯，我们应该让它深入骨髓，而且融入血液之中。

大到一个国家和民族，小到具体的个人，都需要用认真来支撑。所以，无论何时，我们都不应该认为认真可有可无。我们只有认真做好小事，才有可能在大事上取得突破。我们只有对自己的人生足够认真，才能创造出令人震惊的奇迹，甚至让整个世界如临大敌。

5. 掌控了自己的情绪，你就掌控了自己的命运

人生短暂，我们不能被情绪牵着鼻子走，否则我们一生都将碌碌无为。如果想在这个世界上做点什么，我们就要设法让内心的情绪安定下来，变得像个宁静的湖面，就像繁星映照在汪洋之上，如镜子一样的安详。这是一种禅样的淡定。

英国诗人弥尔顿曾说："心灵有它自己的地盘，在那里可以把地狱变成天堂，也可以把天堂变成地狱。"换言之，一味地用悲观消极的心态看问题，再美好的事情也会变成地狱；而当你积极乐观去看待时，那么再棘手的问题也会变得简单。

的确，我们无法改变别人，却能改变自己；我们无法改变天气，却能改变自己看天气的心情。无论是阳光灿烂还是阴雨连绵，我们都能看见内心的晴空。一个人最大的缺陷不是能力不足或资历浅薄，而是对自我情绪的失控。人一旦被情绪左右，就会变得喜怒无常，做出的决定也往往有失偏颇。

琳达三十多岁，是一个部门的经理，她工作经验丰富、做事果断，深受公司的器重。不过，让她头疼的是，自己总是无法克制地向别人发脾气。虽然事后总会后悔，但又控制不了自己的恶劣情绪。

她所在的销售部门，员工流动十分频繁，但不管新来的员工

是谁，她都会不定期对他们进行训斥、谩骂。其目的是想让自己看起来更强硬些，使大家对她心服口服。不过，她越是这样，下属们对她越不满，甚至她的存在，成为了加剧员工流动的重要因素之一，因为大家都不愿意与她这个动不动就发脾气的人相处。尽管公司对琳达很包容，但对于她这种随意发脾气的做法也颇有“微词”。

为使自己看起来更有实力，琳达总是没日没夜地加班，努力工作。可是，事情并没有向她想象的方向发展，尽管她工作很卖力，但仍然得不到下属的理解及支持。

琳达变得越来越没有自信，情绪也非常失落。最后，琳达因无法掌控自己的情绪，而开始变得悲观抑郁，只好辞掉原本不错的工作，在家中休养。

其实，琳达的工作能力有目共睹，只是她不善于掌控自我情绪，经常对周围的人乱发脾气，这让她在工作和生活中都显得十分孤立，最后不得不辞职。由此可见，如果一个人无法管理自己的情绪，不但会得罪他人，更会伤害自己。相反，一个善于控制情绪的人，往往更能掌控住人生的主动权。

有一个崭露头角的政党新人，他打算竞选某政党的领袖。为此，有人为他推荐了一位资深的政界要人，希望他能够从这位政界要人身上学到成功的经验，尤其是如何获得选票。

不过，这位政界要人在教年轻人之前，给他提出一个条件。在两个人谈话期间，如果他打断对方的说话，就得付 5 美元。年轻人觉得这并不是什么难题，便欣然答应了。

于是，政界要人开始给年轻人传授第一条经验。他说道：“对你听到的有关自己的诋毁或污蔑，一定不要感到愤怒。随时都要注意这一点。”年轻人认为，这也没什么，自己很容易就能做到。

政界要人点点头，并没有对年轻人的反应做出评价，只是顺口说：“坦白地说，我是不愿意你这样一个不道德的流氓当选的……”年轻人立即反驳说：“先生，你怎么能这样诋毁我呢……”

政界要人笑笑说：“请付 5 美元。”

年轻人恍然大悟：“哦！啊！这只是一个考验，对不对？”

政界要人轻蔑地说：“嗯，是的，这是一个考验。不过，实际上也是我的看法……”

年轻人也来了脾气：“你怎么能这么说……”

政界要人见机说：“请付 5 美元。”

最终，这个年轻人为学到这条经验付出了昂贵的学费。然后，政界要人说：“现在，就不是 5 美元的问题了。你要记住，你每发一次火或者对自己所受的侮辱而生气时，至少会因此而失去一张选票。对你来说，选票可比钞票值钱得多。”

上完这堂课，年轻人便投入到了激烈的竞选中去，最终他因为不卑不亢、冷静处事的风格当选为政党领袖。

所谓成功的人，就是心理障碍突破最多的人。成功者控制自己的情绪，失败者被自己的情绪所控制。当一个人对自我情绪收放自如，就等于拥有人生攻防的有力武器。就像故事中的那位年轻人，因为具备掌控自我情绪的能力，所以才在大选中获胜。

然而，情绪是人性的产物，只要是人，都无法彻底根除情绪的影响。所以，每个人都有自己的情绪，而情绪是一种无形东西，让人捉摸不定。我们时刻处于情绪的波动之中，就像流水一样，从不安宁。但是，人生短暂，我们不能被情绪牵着鼻子走，否则我们一生都将碌碌无为。如果想在这个世界上做点什么，我们就要设法让内心的情绪安定下来，变得像个宁静的湖面，就像繁星映照在汪洋之上，如镜子一样安详。这是一种禅样的淡定。

人生就是由顺境和逆境交织而成的，情绪总是处于悲伤与欣悦之间，正如佛学大师李叔同语：“悲欣交集。”在这样一个复杂多变的时代，我们的情绪不能放任自流，否则我们就会淹没于众人和尘埃之间。为了更好地认识自己，追寻真正的梦想，我们只有学会掌控自己的情绪，这样才能淡定自如地活出精彩的一生。

6. 不贪不恋，诱惑越大越要沉得住气

诗人泰戈尔说：“顶不住眼前的诱惑，就会失去未来的幸福。”在面对诱惑时，我们每个人都是难于割舍，往往会因此而失去取得更大成功的机会。因此，我们要明白一个道理——诱惑越大，越要沉得住气。

在纷纷扰扰的人世间，处处都充满着诱惑，犹如一个个陷阱，对每个人都有着致命的危险。但人活着，就不得不去面对它们。先秦哲学家荀子说：“人生而有欲。”从某种程度上来讲，正是因为人有所欲求，才会追求自己想要的生活，社会也因此随之进步。因此可以说，欲望是人类进步的动力。

然而，正因人有七情六欲，才会受到各种诱惑的吸引。诱惑

之于人，就像美味甘醇的琼浆玉液，喝一次甘之若饴，再尝一口就会欲罢不能，接着喝下去，就会神志不清；当你完全沉迷于飘飘欲仙的感觉时，就会失去清醒的判断，从而陷入美丽而又深不可测的欲望之井。

王尔德是一个著名的职业高尔夫球选手。在他眼里，自己是最专业、最优秀的高尔夫球手，对那些业余级高尔夫球赛从来都不放在眼里，更不会去参加，他觉得那是对身份的亵渎。

有一次，一个戴着墨镜的人找到他，说自己想跟他较量一下，且愿意以每洞 1000 美金的赌注来跟他玩一场。实际上，戴墨镜的高尔夫球手曾是州级冠军，只不过在巨大的诱惑面前，王尔德早就失去了理智，根本未对此人进行调查就满口答应了。

结果让王尔德很意外，他输掉了比赛，不仅输掉大笔金钱，而且名声一落千丈。

正所谓“人为财死，鸟为食亡”，贪欲是人性最大的弱点，每个人都无法彻底摆脱贪欲的纠缠。股市中，很多人本来赚了很多钱，完全可以离场休息，但却因为贪欲不仅抵押房子，而且借了高利贷，进行更疯狂的豪赌。结果如何呢？股市崩盘，自己输得只剩下裤衩，这个时候恐怕连跳楼的心都有了。这就是贪欲的危害，让我们沉不住气，变得浮躁盲动。有人说我在贪欲面前就能做到淡定，那是因为你受到的诱惑还不够大。一旦诱惑足够大，可以让很多看似精明、理智、强悍的人下水。

贪念过重，就会让我们成为诱惑的俘虏，从而导致人生走向浮躁和失败。因此，在诱惑丛生的路上，我们要学会面对诱惑以及处理内心的贪欲。那么，我们应该秉承什么样的态度来对待诱惑呢？其核心就是不贪不恋、冷静清醒。

下面让我们看一则禅学故事：

有一天，一个年轻人来到一座寺庙拜见那里的住持大师，因为他心中有很多疑惑需要获得大师的开解。

他对大师说："我想知道欲望是什么。这个问题困扰我多年，郁于心中无法自释。"

大师看了一眼年轻人，并没有直接回答他的问题，只是淡淡地说道："你回去吧！如果想要知道答案，明天不要吃饭，不要喝水，到中午时再来这里。"

年轻人虽有不甘，但仍旧照办，第二天中午再次来到寺庙。

大师见到他便问："年轻人，现在有什么感觉，是不是觉得饥渴难耐？"

年轻人有气无力地答道："是的，的确如此，现在的我可以吃得下一头牛，喝下一池水。"

大师笑了，他知道年轻人说的是实话。

不过，他并没有打算为他提供一头牛和一池水，而是带他去了一个地方。他们一起走了很长一段时间的路，最后在一片果树林前停了下来。

大师二话没说，递给年轻人一个大大的布口袋，并说："尽你所能去摘那些可口的水果吧！想装多少，装多少，不过，你只有把它们背回寺院才能享用。"

年轻人一下子来了精神，很快便采得满满当当一袋子鲜果。直到日落之时，他才气喘吁吁、步履蹒跚地走到禅师面前。

大师见状立即对他说："吃吧，这些都是你的劳动所得。"

年轻人早就饥渴难耐，恨不得能将布袋一并吞下，方能解他的饥渴。可是，他只吃了两个苹果，便再也吃不下去了，他抚摸着自己鼓鼓囊囊的肚子不解地看着大师。

大师不紧不慢地问道："为什么不再吃了呢？不是很渴、很饿吗？"

年轻人有些腼腆起来："饱了，真的是连一口也不想吃下去了。"

大师笑了笑，指着地上那大袋水果对年轻人说："为了这袋子鲜果你可没少吃苦头吧！不过，你现在再也吃不下，那这些东西对你来说又有什么用呢？"

年轻人若有所思，最后满意地离开了寺院，他已经解开了心中所疑。

因为人性中的贪欲，我们总是盲目地占有很多内心不需要的东西，就像案例中那些吃不完的果子，就是由人的贪欲而来。我们总是想方设法来满足自己的贪欲，到头来，每个人真正需要的仅仅是两个足够充饥的"苹果"。那些历尽千辛万苦得来的东西，只不过是人生路上前行的累赘。没有它们，你可以轻装上阵，走得更快，有了它们，反而徒增周折，让本来顺意的人生变得异常辛苦。

诗人泰戈尔说："顶不住眼前的诱惑，就会失去未来的幸福。"在面对诱惑时，我们每个人都是难于割舍，往往会因此而失去取得更大成功的机会。因此，我们要明白一个道理——诱惑越大，越要沉得住气；冷静下来，把眼光放得长远一些。